JN449800

우리 숲의
나무·풀·버섯
생태도감

우리 숲의
나무 · 풀 · 버섯 생태도감

초판인쇄 | 2017년 11월 15일
초판발행 | 2017년 11월 20일

지 은 이 | 오찬진·정연옥·석순자
펴 낸 이 | 고명흠
펴 낸 곳 | 푸른행복

출판등록 | 2010년 1월 22일 제312-2010-000007호
주 소 | 경기도 고양시 덕양구 통일로 140(동산동)
삼송테크노밸리 B동 329호
전 화 | (02)3216-8401 / FAX (02)3216-8404
E-MAIL | munyei21@hanmail.net
홈페이지 | www.munyei.com

ISBN 979-11-5637-076-5 (13400)

※ 이 도서의 국립중앙도서관 출판예정도서목록(CIP)은 서지정보유통지원시스템 홈페이지(http://seoji.nl.go.kr)와 국가자료공동목록시스템(http://www.nl.go.kr/kolisnet)에서 이용하실 수 있습니다.
(CIP제어번호: CIP2017027032)

우리 숲의
나무·풀·버섯
생태도감

오찬진 · 정연옥 · 석순자 共著

푸른행복

머리말

새벽녘의 이슬을 오롯이 머금고 있던 숲에 아침 햇살이 비치면, 아름다운 산새의 울음소리와 함께 숲속의 하루가 시작됩니다. 숲속 식물 중에서는 가장 먼저 키 큰 나무들이 앞다투어 뻗은 가지 끝에 푸른 잎들을 내밀고는 한껏 빛을 품어 광합성을 합니다. 그 아래에서는 중간 키 나무들이, 그다음에는 작은 키 나무들, 떨기나무들, 덩굴나무들 그리고 수많은 초본들이 차례로 광합성을 하며 양분을 만들어 살아갑니다. 그러면 그 가장 아래쪽 그늘지고 습한 땅에서는 광합성을 하지 못하는 버섯들이 썩은 나무나 낙엽 더미를 분해하여 양분을 얻는데, 이때 분해된 유기물이 무기물로 환원되어 다시 식물들의 무기영양소로 공급되는 것입니다.

살아 있음이 한껏 느껴지는 숲 생태계에서 나무와 풀은 생산자로서, 버섯은 분해자로서 서로 간에 끊임없이 영향을 주고받으며 조화롭게 살아가고 있습니다. 그런데 숲 하면 나무나 풀에 비해 버섯은 크게 주목받지 못했던 것이 사실입니다. 하지만 만약 버섯이 없다면 숲은 그야말로 나무의 퇴적장으로 변하게 될 것입니다. 버섯은 분해자로서뿐만 아니라 재활용자와 생산자의 역할까지 해내어 숲 생태와 숲 환경 지킴이로서의 역할을 톡톡히 해내고 있습니다. 더구나 버섯은 그 자체로서도 훌륭하지만, 최근 들어 인간의 건강을 위해서도 무한한 잠재력을 뽐내고 있어 현대인의 관심이 급증하는 것이 사실입니다.

따라서 그동안 나무와 풀을 함께 엮은 도감은 있었지만 버섯까지 포함한 도감은 없었기에, 이번 기회에 숲 생태계의 연결고리 같은 존재인 버섯을 포함하여 식물도감을 기획하게 된 것입니다. 나무와 풀도 마찬가지이지만, 우리나라에서 자생하는 버섯의

종수도 무척 많습니다. 이렇다 보니 그것들의 특징이나 명칭을 하나하나 기억하기란 좀체 쉬운 일이 아닐 것입니다. 하지만 숲에 사는 동물뿐 아니라 우리 인간에게도 생존을 위해 꼭 필요한 자연 환경이니만큼 관심을 가지고 알아가는 것도 의미 있는 일이며, 또한 그것은 자연과 교감할 수 있는 하나의 방법이라고 생각합니다.

이 책은 우리 숲에서 살아가는 125종의 목본, 75종의 초본 그리고 100종의 버섯 들이 담겨 있는 숲 생태도감입니다. 각 식물들의 기본정보와 생태적 특징을 간단하지만 꼭 필요한 부분을 중심으로 소개하였고, 여기에 생동감 있는 컬러 사진 1500여 컷을 담아 식물들의 형형색색 전형과 부위별 모습을 확인할 수 있게 하였습니다. 또한 버섯의 경우, 수록된 사진과 함께 식용 · 약용 · 독 · 불명 등의 구분을 통해 시별이 가능하게 구성한바, 해마다 발생하는 독버섯 중독이나 사망 사고의 예방을 위해 조금이라도 기여하고자 함입니다.

끝으로 이 책을 출간하게 되기까지 도움을 주신 모든 분들께 깊은 감사를 드리며, 아울러 이 책이 숲을 사랑하고 아끼는 모든 이들에게 숲 구성원으로서의 나무와 풀 그리고 버섯 등을 이해하고 알아가며, 또 그것들과 교감하는 데 작게나마 도움이 되기를 바랍니다.

2017년 10월

대표 저자

목본 125종

초본 75종

400
천문동
402
콩짜개덩굴
404
큰까치수염
406
큰꽃으아리
408
큰천남성
410
파드득나물
412
하늘말나리
414
할미꽃
416
현호색
418
혹난초

버섯 100종

422
가랑잎꽃애기버섯
424
가시갓버섯
426
갈색균핵술잔버섯
428
갈색꽃구름버섯
430
갓그물버섯
432
개암버섯
434
고깔갈색먹물버섯
436
고무버섯
438
곰보버섯
440
귀버섯
442
균핵꼬리버섯
444
그물버섯아재비
446
금관버섯
448
기와버섯
450
긴대밤그물버섯

배젖버섯
버터철쭉버섯
복분자버섯
분홍느타리
불로초(영지)
붉은덕다리버섯
붉은사슴뿔버섯
붉은싸리버섯
비늘버섯
뽕나무버섯
뽕나무버섯부치
뿔나팔버섯
삼색도장버섯
삿갓외대버섯
색시졸각버섯
소나무능이
송이
싸리버섯
아까시흰구멍버섯
양송이
어리알버섯
오징어새주둥이버섯
요강주발버섯
잎새버섯
자작나무시루뻔버섯
자주졸각버섯
잔나비버섯
잔나비불로초
잿빛만가닥버섯
적갈색애주름버섯
젖버섯
족제비눈물버섯
좀벌집구멍장이버섯
주름버섯
찹쌀떡버섯

감탕나무
개나리
개비자나무
개산초
개서어나무
거지딸기
검노린재나무
고로쇠나무
고추나무
곰딸기
곰솔
곰의말채나무
광나무
구실잣밤나무
국수나무
굴거리나무
굴피나무
길마가지나무
까마귀머루
까마귀베개
나도밤나무
남오미자
노각나무
노간주나무
노박덩굴
누리장나무
느티나무
다래
다릅나무
다정큼나무
닥나무
단풍나무
담쟁이덩굴
당단풍나무
대팻집나무
덜꿩나무
돈나무
돌가시나무
돌배나무
동백나무
두릅나무
딱총나무
때죽나무
마삭줄
말오줌때
말채나무
머귀나무
멀꿀
멍석딸기
모감주나무
모람
무환자나무
반송
병꽃나무
보리밥나무
보리장나무
복분자딸기
붉가시나무
붉나무
비목나무
비자나무
사람주나무
사스레피나무
사위질빵
사철나무
산검양옻나무
산딸기
산딸나무
산벚나무
산철쭉
산초나무
삼나무
상동나무
새덕이
새비나무
새우나무
생강나무
생달나무
센달나무
소나무
소사나무
소태나무
송악
수리딸기
수수꽃다리
실거리나무
아왜나무
영주치자
예덕나무
올벚나무
완도호랑가시나무
육박나무
윤노리나무
이나무
이대
인동덩굴
자귀나무
자금우
장구밤나무
장딸기
조릿대
졸참나무
좀깨잎나무
종가시나무
줄사철나무
진달래
참가시나무
참느릅나무
참빗살나무
참식나무
참회나무
청미래덩굴
초피나무
층꽃나무
칡
팥배나무
팽나무
편백
폭나무
합다리나무
헛개나무
호랑가시나무
화살나무
황칠나무
후박나무

감탕나무

학명 *Ilex integra* Thunb.

과명 감탕나무과

개화 3~4월

열매 8월 중순~11월 초

감탕나무 _ 암꽃

감탕나무 _ 수꽃

생태적 특성

감탕(甘湯)이란 엿을 고아낸 솥을 가시어낸 단물을 말한다. 또 메주를 쑤어 낸 솥에 남은 진한 물을 뜻하기도 하고, 새를 잡거나 나무를 붙이는 데 쓰던 찐득찐득한 풀을 말하기도 한다. 이 나무의 껍질을 찧으면 실제로 끈끈한 물질이 나오는데, 옛날에는 이것을 끈끈이용으로 쓰거나 반창고, 페인트의 재료로 사용했다. 떡가지나무, 끈제기나무라고도 하고, 한자로는 세엽동청(細葉冬青), 전연동청(全緣冬青)이라고 한다.

상록활엽소교목 또는 교목으로 키는 10m 정도이고 수피는 회색이며 작은 가지는 녹색이다. 잎은 혁질이며 도란형 및 긴 도란형이다. 잎 가장자리가 밋밋하거나 윗부분에 2~3개의 톱니가 있고 양면에 털이 없다. 암수딴그루로 암꽃은 1~2송이이며 수꽃은 여러 송이가 잎겨드랑이에 모여 달리고 꽃은 3~4월에 핀다. 열매는 둥글고 붉은색이며, 8월 중순부터 11월 초에 익는다.

감탕나무 _ 새잎

감탕나무 _ 잎

감탕나무 _ 열매

개나리

학명 *Forsythia koreana* (Rehder) Nakai

과명 물푸레나무과

개화 3~4월

열매 9월

개나리 _ 새순

개나리 _ 꽃

생태적 특성

개나리라는 이름은 나리에 '개'를 붙인 것으로, 곧 좋지 않은 나리라는 의미라고 한다. 긴 가지에 달려 있는 노란 꽃의 모습이 새의 긴 꼬리 같다고 해서 한자로 연교(連翹)라고 한 것을 풀어 썼다는 설도 있다. 신리화, 가을개나리, 어사리, 서리개나리, 개나리꽃나무 등으로도 불리며, 봄을 맞이하는 꽃이라고 해서 영춘화(迎春花), 꽃이 노란 종처럼 생겼다고 해서 금종화(金鍾花)라고도 한다.

우리나라 전역에 분포하는 특산식물이다. 낙엽활엽관목으로 키는 3m 정도로 높은 곳에서는 밑으로, 낮은 곳에서는 위로 자라는 특성이 있다. 작은 가지는 녹색이지만 점차 회갈색을 띠게 된다. 잎은 마주나고 난상의 긴 타원형으로 피침형이다. 어린 가지의 잎은 3개로 깊게 갈라지는 것이 많고 위쪽 가장자리에 톱니가 있거나 밋밋하다. 암수딴그루이며 꽃은 종형이 밝은 노란색으로 잎겨드랑이에 1~3송이씩 달리며, 4월에 잎이 나기 전에 핀다. 열매는 난형의 삭과로 겉에 사마귀 같은 돌기가 있으며 9월에 익는다.

개나리 _ 잎차례

개나리 _ 열매

개비자나무

학명 *Cephalotaxus koreana* Nakai

과명 개비자나무과

개화 3~4월

열매 이듬해 9~10월

개비자나무 _ 암꽃

개비자나무 _ 수꽃

생태적 특성

개비자나무라는 이름은 잎 모양이 비자나무처럼 아닐 비(非) 자로 배열되어 붙여졌다. 좀비자나무, 조선조비(朝鮮粗榧)라고도 하는데, 학명(*Cephalotaxus koreana*)에도 붙어 있듯 우리나라가 원산지이며 특산식물이다.

우리나라 중부 이남 해발 100~1,300m의 계곡과 산기슭에 자생하는 개비자나무과의 상록침엽관목 또는 소교목으로 키는 3~6m 정도이고 지름은 5cm이다.

수피는 암갈색으로 세로로 갈라지며 벗겨지는 것이 특징이다. 잎은 선형으로 끝이 뾰족한 것이 비자나무 잎과 닮았으나 부드러워 쉽게 휘어지며 따갑지 않은 것이 다른 점이다. 또 잎의 주맥이 양면에 도드라지고 뒷면에는 두 줄로 된 숨구멍이 있다. 암수딴그루로 꽃은 3~4월에 피는데, 수꽃은 잎겨드랑이 아래쪽에 20~30송이가 주렁주렁 모여 달리고, 암꽃은 가지 끝에 2송이씩 달린다. 열매는 타원형으로 이듬해 9~10월에 붉게 익는다.

개비자나무 _ 잎(앞면)

개비자나무 _ 잎(뒷면)

개비자나무 _ 열매

개산초

학명 *Zanthoxylum planispinum* Siebold & Zucc.

과명 운향과

개화 5~6월

열매 9~10월

개산초 _ 꽃

개산초 _ 열매

생태적 특성

상록활엽관목으로 잎은 어긋나며 작은잎은 4~7개로 난형 또는 난상의 피침형이며 길이 3~12cm, 너비 1~2.5cm이고, 가운데 작은잎이 가장 크고 가장자리에 투명한 샘과 더불어 잔톱니가 있다. 잎자루 길이는 1~3cm이고 넓은 날개가 있다. 암수딴그루로 5~6월에 꽃이 피고 연한 노란색이며 총상 또는 복총상꽃차례로 잎겨드랑이에 달리고 길이는 3~4cm이다. 열매는 삭과로 공 모양이며 표면에 작은 돌기가 있고 적갈색으로 익으며, 종자는 검은색으로 9~10월에 익는다. 줄기는 가시 턱잎이 변한 것이고 편평하며 마주난다.

개산초 _ 잎차례

개산초 _ 가지에 돋은 가시

개서어나무

학명 *Carpinus tschonoskii* Maxim.

과명 자작나무과

개화 4~5월

열매 9~10월

개서어나무 _ 잎

개서어나무 _ 꽃

생태적 특성

낙엽활엽교목으로 수피는 회색이고 울퉁불퉁하지만 터지지 않는다. 일년생 가지는 털이 있고 흰색 껍질눈이 있다. 잎은 어긋나고 타원형 또는 난상의 타원형이며 길이 4~8cm, 너비 3.5~4.5cm로 측맥은 12~15쌍(보통 13쌍 이상)이고, 표면과 뒷면 맥 위에 털이 있으며 잎자루는 길이 0.4~1.2cm이고 털이 있다. 꽃은 암수한그루로 4~5월에 핀다. 열매는 소견과로 넓은 난형이고 길이 0.4~0.45cm로서 끝에 잔털이 있으며 9~10월에 익는다.

개서어나무 _ 잎차례

개서어나무 _ 열매

거지딸기

학명 *Rubus sorbifolius* Maxim.

과명 장미과

개화 4월

열매 6월

거지딸기 _ 새순

거지딸기 _ 꽃

생태적 특성

전남 남부 도서 지방의 숲속 햇볕이 드는 곳에서 여러 종의 교목류 · 관목류와 혼용하여 분포한다. 공중습도가 높고 식생이 풍부한 지역에서 잘 자란다.

낙엽활엽관목으로 키는 1~1.5m 정도이며, 줄기는 짙은 홍색 털과 갈퀴 모양의 가시가 있다. 잎은 어긋나며 깃꼴겹잎으로 3~5개의 작은 잎으로 되어 있다. 잎 끝은 점점 뾰족해지고 밑은 둥글며 가장자리에 겹톱니가 있다. 잎자루와 작은가지 및 꽃자루에는 털이 빽빽하다. 꽃은 4월에 흰색으로 피며 털로 덮여 있는 원추꽃차례의 꽃이삭에 달린다. 꽃잎은 꽃받침과 길이가 같고 도란형으로 끝이 뾰족하다. 열매는 집합과로 타원형이며 6월에 황색으로 익는다.

거지딸기 _ 잎

거지딸기 _ 열매

검노린재나무

학명 *Symplocos tanakana* Nakai

과명 노린재나무과

개화 5월

열매 9월

검노린재나무 _ 잎

검노린재나무 _ 꽃

생태적 특성

낙엽활엽관목으로 수피는 세로로 갈라지고 가로로 껍질눈이 있고 이년생 가지는 회갈색이다. 잎은 윤노리나무와 유사하고 수피는 벚나무와 유사하다. 잎은 어긋나며 타원형으로 길이 3~8cm, 너비 2.5~4.5cm이며 표면은 녹색이고 뒷면은 회녹색이다. 맥 위에 털이 있고 가장자리 톱니는 뾰족하고 안으로 꼬부라지며, 잎자루 길이는 0.3~1cm이다. 꽃은 5월에 피고 흰색이며, 원추꽃차례로 길이 3~8cm이고, 꽃받침조각은 난형이다. 꽃잎은 깊게 갈라지며 녹색이고, 수술은 25~40개이다. 열매는 핵과로 난상의 원형이고 지름 0.6~0.8cm로 검은색이며 9월에 익는다.

검노린재나무 _ 수피

검노린재나무 _ 열매

고로쇠나무

학명 *Acer pictum* subsp. *mono* (Maxim.) Ohashi

과명 단풍나무과

개화 4~5월

열매 9~10월

고로쇠나무 _ 새잎

고로쇠나무 _ 꽃

생태적 특성

뼈에 이로운 나무라고 하여 골리수(骨利樹)라고 부르다가 고로쇠나무로 변했다고 한다. 잎이 5개로 갈라져서 오각풍(五角楓)이라고도 한다. 고로쇠나무는 평안북도 방언에서 유래된 이름이며, 함경남도 방언으로는 당단풍나무라고 한다. 수액을 받으려면 줄기를 통해 내려가는 사관부인 내수피에 2개 정도의 구멍을 내 호스를 꽂아 받는다. 수액의 채취 시기는 경칩 전후인 2월 중순부터 3월 말이며 경칩 일주일 전후에 약효가 가장 좋다고 한다.

낙엽활엽교목으로 키는 20m 정도이고 지름은 50cm 정도이며 수피는 회색으로 갈라진다. 잎은 마주나고 원형이며 5~7개로 얕게 갈라지고 가장자리는 밋밋하며 뒷면 맥 사이에 털이 모여 있다. 꽃은 암수한꽃 또는 암수한그루로 다수가 새 가지 끝에 원추상 산방꽃차례를 이루며 황록색으로 4~5월에 잎과 함께 핀다. 열매는 시과로 녹자색이고 예각으로 벌어지며 9~10월에 익는다.

고로쇠나무 _ 잎

고로쇠나무 _ 열매

고추나무

학명 *Staphylea bumalda* DC.

과명 고추나무과

개화 5~6월

열매 9~10월

고추나무 _ 새순

고추나무 _ 꽃

생태적 특성

고추나무라는 이름은 잎 모양이 고춧잎과 비슷해 붙여졌다. 고춧잎처럼 어린순과 잎은 데쳐서 나물로 해 먹거나 튀겨 먹기도 한다. 한자명은 성고유(省沽油), 수조(水條)이다.

낙엽활엽관목 또는 소교목으로 키는 3~5m 정도이고 수피는 회녹색이다. 잎은 마주보고 달리고 3개의 작은잎으로 된 작은 겹잎이며, 작은잎은 타원형 및 난형의 타원형이고 가장사리에 침상의 잔톱니가 있으며 뒷면 맥 위에 털이 있다. 꽃은 새로 난 가지 끝에 원추꽃차례를 이루며 꽃잎과 꽃받침은 5개이고 5~6월 중순에 흰색으로 핀다. 열매는 고무베개처럼 부푼 반원형으로 윗부분이 둘로 갈라지고 9~10월에 익는다. 씨는 도란형으로 1~2개가 들어 있다.

고추나무 _ 잎

고추나무 _ 열매

곰딸기

학명 *Rubus phoenicolasius* Maxim.

과명 장미과

개화 5~6월

열매 7~8월

곰딸기 _ 잎

곰딸기 _ 꽃봉오리

생태적 특성

낙엽활엽관목으로 줄기는 윗부분이 밑으로 처지며 길이가 3m에 달하고 줄기는 적자색이며 가시가 드문드문 있으며 가지가 밑으로 늘어지고 덤불을 이루며 무리를 지어 자란다. 잎은 어긋나고 3~5개의 작은잎으로 된 깃꼴겹잎이고, 중앙의 잎이 훨씬 크며 가장자리에 겹톱니가 있다. 작은잎은 넓은 난형이며 길이 4~10cm로서 표면에 부드러운 털이 있으며 뒷면에 흰색 밀모가 있다. 꽃은 새가지 끝에 총상꽃차례를 이루며, 꽃대는 길이 0.6~0.7cm로 샘털이 밀생하고, 꽃잎은 난원형으로 연한 홍색이고 5~6월에 꽃이 핀다. 열매는 둥글며 지름 1.5cm로 7~8월에 홍색으로 익는다. 종자는 길이 0.2cm의 콩팥 모양으로 연한 황색이다.

곰딸기 _ 수피

곰딸기 _ 열매

곰솔

학명 *Pinus thunbergii* Parl.

과명 소나무과

개화 5월

열매 이듬해 9월

곰솔 _ 새순

곰솔 _ 암꽃

곰솔 _ 수꽃

생태적 특성

곰솔이라는 이름은 잎이 억세 마치 곰의 털 같다고 해서 붙여졌다는 설도 있고, 전라남도 사투리라는 의견도 있다. 또 나무껍질이 검어 흑송(黑松)이라고도 하는데, 이를 검은솔로 부르다가 줄여서 곰솔로 부르게 되었다고도 한다. 이외에 남송(男松)으로도 불린다.

곰솔의 겨울눈은 은백색이다. 잎은 진녹색으로 짧은 가지에 두 개씩 달리고 보통 2~3년간 달려 있다가 떨어진다. 암수한그루로 꽃은 5월에 핀다. 수꽃은 원통형으로 1.5cm가량 되고, 암꽃은 난형으로 붉은색이었다가 자주색으로 바뀌어가는 것이 특징이다. 열매는 난형의 긴 타원형으로 녹갈색이며 씨는 도란상의 타원형이다. 씨에는 긴 날개가 달려 있으며 이듬해 9월에 익는다.

곰솔 _ 잎차례

곰솔 _ 열매

곰의말채나무

학명 *Cornus macrophylla* Wall.

과명 층층나무과

개화 7~8월

열매 9월

곰의말채나무 _ 잎

곰의말채나무 _ 꽃

생태적 특성

낙엽활엽교목으로 키가 15m에 달하고 수피는 회갈색으로 불규칙하게 세로로 갈라져 감나무 수피와 비슷하며, 가지는 털이 없고 황갈색 또는 적갈색으로 광택이 난다. 잎은 마주나며 넓은 난형이고 길이 8~18cm로, 표면에 털이 있으며 뒷면은 흰빛이 돌고 털이 많으며 톱니가 없고 측맥은 6~10쌍이며 잎자루 길이는 1~3cm이다. 꽃은 원추상 취산꽃차례로 지름 8~14cm이고 꽃대는 길이 3~4cm이며, 꽃잎은 넓은 피침형 또는 긴 타원형으로 길이 0.5cm로 수술대와 길이가 같고, 7~8월에 핀다. 열매는 핵과로 둥글며 지름 0.6cm로 짙은 검은색으로 종자는 둥글고 오목한 점이 많으며 9월에 익는다.

곰의말채나무 _ 가지

곰의말채나무 _ 열매

광나무

학명 *Ligustrum japonicum* Thunb.

과명 물푸레나무과

개화 7~8월

열매 10월

광나무 _ 잎차례

광나무 _ 꽃

생태적 특성

추위 속에서도 잎이 푸르른 모습이 마치 정절을 지키는 여인처럼 고고한 자태를 지니고 있는 듯하다고 하여 여정목(女貞木)이라고도 불린다. 또 정목(貞木, 楨木), 서자(鼠子), 서시목(鼠矢木), 여정자(女貞子), 사절목(四節木), 정여(貞女) 등으로도 불린다. 또 토양으로부터 흡수한 암모니아가 내부에 많이 들어있어 나무의 맛이 짭조름하여 소금나무라는 별칭도 있다.

상록활엽관목으로 키는 3~5m 내외이며 가지는 회색이다. 마주나는 잎은 혁질로 질기며 넓은 난형이거나 긴 타원형으로 길이는 3~10cm, 너비는 2.5~4.5cm 정도이다. 잎끝은 뾰족하고 톱니는 나지 않는다. 잎 뒷면에 희미한 잔 점이 있는 것이 특징이다. 7~8월에 흰색 꽃이 새 가지 끝에서 복총상꽃차례로 달린다. 꽃의 크기는 길이와 너비가 모두 5~12cm 정도이다. 꽃은 깔때기처럼 생겼으며 향이 매우 뛰어나다. 작고 둥근 핵과의 열매가 열리는데 10월에 자줏빛을 띤 검은색으로 익으며 크기는 0.8~1cm이다.

광나무 _ 수피

광나무 _ 열매

구실잣밤나무

학명 *Castanopsis sieboldii* (Makino) Hatus.

과명 참나무과

개화 5~6월

열매 이듬해 1월

구실잣밤나무 _ 암꽃

구실잣밤나무 _ 수꽃

생태적 특성

밤나무라는 이름이 붙었듯 열매를 식용할 수 있는 수종이다. 열매는 밤보다는 도토리를 닮았으며, 특유의 타닌 성분이 없어 고소한 밤 맛이 난다. 그래서 흔히 꿀밤나무라고도 부르며, 전라도 방언으로는 쨋밤나무, 새불잣밤나무, 구슬잣밤나무라고도 한다. 열매가 아홉 개가 달린다고 하여 구실(九實)이라는 이름이 붙었고, 잣처럼 열매가 작아 잣이라는 이름까지 붙었다.

상록활엽교목으로 키는 약 15m이며 지름이 약 1m이고, 수피는 흑갈색이다. 어긋나는 잎은 피침형이거나 긴 타원형이며 끝이 뾰족하다. 잎은 길이가 7~12cm이며 물결무늬의 톱니가 나 있다. 잎의 뒷면에는 갈색의 비늘털이 덮여 있다. 꽃은 5~6월에 암수한그루로 잎겨드랑이에 핀다. 총포는 난형이고, 견과의 열매는 이듬해 1월에 익는다.

구실잣밤나무 _ 잎

구실잣밤나무 _ 씨앗

국수나무

학명 *Stephanandra incisa* (Thunb.) Zabel

과명 장미과

개화 6~7월

열매 9~10월

국수나무 _ 잎

국수나무 _ 꽃

생태적 특성

줄기의 속이 국수와 같다하여 국수나무라 한다. 옛날 어린이들이 소꿉놀이할 때 이용되기도 했던 나무다.

낙엽활엽관목으로 키는 1~2m 정도이다. 많은 줄기가 밑에서 형성하며 가지는 밑으로 처지고 잎은 어긋나며 난형의 결각상 톱니가 있고 뒷면 맥 위에 털이 나 있다. 꽃은 6~7월에 새 가지 끝에서 원추꽃차례를 이루며 흰색으로 피고, 열매는 9~10월에 구형으로 익는데 잔털이 있으며 씨는 광택이 난다.

우리나라와 일본, 중국 등지에 분포한다. 우리나라 전 지역의 산야에 자라는데, 숲속의 그늘이나 건조지에서도 잘 자라고 맹아력이 강하다. 양봉농가에서는 밀원식물로 심고, 농촌에서는 국수나무의 가는 줄기로 삼태기 등을 만드는 데 사용한다.

국수나무 _ 수피

국수나무 _ 열매

굴거리나무

학명 *Daphniphyllum macropodum* Miq.

과명 굴거리나무과

개화 3~4월

열매 9~11월

굴거리나무 _ 암꽃

굴거리나무 _ 수꽃

생태적 특성

굴거리나무는 순박한 이름에 비해 한자명은 교양목(交讓木)이라고 해서 상당히 지적인 느낌이 든다. 이는 잎이 나올 때 먼저 달렸던 잎이 떨어지면서 자리를 물려준다고 해서 서로 사귀고 사양한다는 뜻으로 붙여진 것이다. 굴거리라는 이름은 제주도 방언에서 유래된 것으로 이 나무를 이용해 굿을 해서 '굿거리'라고 부르던 것이 바뀐 것이라고 한다. 산황수(山黃樹)라고도 하고 만병초, 청대동이라고도 부른다.

상록활엽소교목 또는 교목으로 키는 3~10m 정도이고 지름이 30cm이다. 작은 가지는 녹색이지만 어릴 때는 붉은빛을 띤다. 잎은 어긋나며 긴 타원형으로 혁질이다. 표면은 녹색이고 뒷면은 회백색이며 잎자루는 붉은색, 연한 붉은색 또는 녹색이다. 꽃은 암수한그루이고 화피가 없는 녹색으로 액생하는 총상꽃차례에 달리며 3~4월에 핀다. 열매는 타원형의 핵과로 9~11월에 암벽색으로 익는다.

굴거리나무 _ 잎

굴거리나무 _ 열매

굴피나무

학명 *Platycarya strobilacea* Siebold & Zucc.

과명 가래나무과

개화 5~6월

열매 9월

굴피나무 _ 암꽃

굴피나무 _ 수꽃

생태적 특성

우리나라와 중국, 타이완, 일본 등지에 분포한다. 우리나라에서는 경기도 이남 해발 50~1,200m의 양지바른 산 중턱과 산기슭에 자생한다. 추위에 강하여 중부지방에서도 잘 자라며 바닷가에서도 잘 자란다. 재목은 성냥개비, 열매이삭은 염료, 나무껍질은 줄 대용으로 쓴다.

낙엽활엽소교목으로 키는 12m 정도이고 지름이 53cm이다. 수피는 회색으로 얕게 갈라지며 어린 가지에는 털이 있으나 점차 없어지고 황갈색 또는 갈색 껍질눈이 드문드문 나 있다. 잎은 홀수깃꼴겹잎이고 작은잎은 7~19개이며 난상의 피침형으로 가장자리는 깊은 톱니가 있다. 또 양면에 흰색 털이 있으나 점차 없어진다. 수꽃은 짧은 새 가지에 여러 개가 나오고 황갈색이며 미상꽃차례로 위를 향하고, 암꽃은 타원형으로 위를 향하나 수꽃에 둘러싸여 5~6월에 핀다. 견과는 럭비공 모양으로 9월에 익는다.

굴피나무 _ 잎차례

굴피나무 _ 열매

길마가지나무

학명 *Lonicera harae* Makino

과명 인동과

개화 4월

열매 5월

길마가지나무 _ 잎차례

길마가지나무 _ 꽃

생태적 특성

낙엽활엽관목으로 우리나라에만 자생하는 특산 식물이다. 수피는 회갈색이며 일년생 가지에 굳센 털이 있고, 가지의 속은 충실하며 흰색이다. 잎은 마주나며 타원형이고 길이 3~7cm, 너비 2~4cm로 양면 맥 위와 가장자리에 털이 있고 잎자루 길이는 0.3~0.5cm이다. 꽃은 4월에 잎과 같이 피고 새 가지와 같이 잎겨드랑이에서 나와 밑을 향해 달리며, 꽃대는 길이 0.3~1.2cm이고, 포는 2개로 길이 0.4~1.2cm(보통 0.4~0.6cm)이다. 꽃받침은 5갈래로 얕게 갈라지며, 열매는 장과로 2개가 거의 합쳐지고, 붉은색이며 종자는 길이 0.3~0.4cm, 너비 0.3cm로 타원형이며 5월에 다갈색으로 익는다.

길마가지나무 _ 수피

길마가지나무 _ 열매

까마귀머루

학명 *Vitis ficifolia* var. *sinuata* (Regel) H. Hara

과명 포도과

개화 6월 말~8월 중순

열매 9월 말

까마귀머루 _ 열매

까마귀머루 _ 꽃

생태적 특성

낙엽활엽 덩굴성 목본으로 2년을 주기로 열매가 많이 맺혔다 적게 맺혔다 한다. 어린 줄기껍질은 붉은빛 도는 갈색을 띤다. 묵을수록 회갈색이 되며 세로로 불규칙하게 갈라져 벗겨진다. 잎이 까마귀발처럼 3~5갈래로 깊이 갈라져 있다. 길이 6~10cm 정도의 잎이 가지에 어긋나게 달린다. 끝이 손바닥 모양으로 3~5갈래로 깊이 갈라지며 가장자리에 아주 크고 불규칙한 톱니가 있다. 꽃은 6월 말에서 8월 중순에 잎 달린 자리 맞은편에 노란 연녹색으로 핀다. 한 꽃에 암술과 수술이 함께 나오거나 암꽃과 수꽃이 한 나무에 핀다. 열매는 9월 말에 껍질과 과육이 있는 지름 0.5~1cm 정도의 둥근 열매가 검푸른 자주색으로 여문다. 과육 안에 종자가 2~3개 들어 있다.

까마귀머루 _ 잎(앞면)

까마귀머루 _ 잎(뒷면)

까마귀베개

학명 *Rhamnella franguloides* (Maxim.) Weberb.

과명 갈매나무과

개화 5~7월

열매 7~10월

까마귀베개 _ 잎차례

까마귀베개 _ 꽃봉오리

생태적 특성

까마귀베개라는 이름에는 까마귀가 베고 잔다는 의미가 있지만, 사실은 열매가 베개처럼 생겼고, 또 이것이 까맣게 익으므로 까마귀베개라는 이름이 붙은 것 같다. 그러나 어떻게 보면 작은 대추알처럼 생기기도 해서 푸대추나무라는 이명도 있으며 헛갈매나무, 까마귀마개라고도 한다.

낙엽활엽소교목으로 키는 7m 정도이다. 가지는 암갈색을 띠고 잎은 어긋난다. 잎의 모양은 긴 타원형이며 길이는 6~12cm, 너비는 2.5~4cm이다. 잎끝은 뾰족하며 잔톱니가 나 있다. 꽃은 5~7월에 잎겨드랑이에서 10여 송이가 취산꽃차례를 이루며 노란빛을 띤 녹색으로 핀다. 열매는 긴 타원형의 핵과로 7~10월에 노란색에서 붉은색을 거쳐 검은색으로 익으며, 종자는 원통형이고 길이는 1cm이다. 열매는 식용이 가능하지만 특별한 맛은 없다. 잎의 질감이 좋으며 열매가 맺어 차츰 변하는 모습이 멋있다.

까마귀베개 _ 열매(미성숙)

까마귀베개 _ 열매(성숙)

나도밤나무

학명 *Meliosma myriantha* Siebold & Zucc.

과명 나도밤나무과

개화 6~7월

열매 9월 말~11월 초

나도밤나무 _ 새잎

나도밤나무 _ 꽃

생태적 특성

나도밤나무는 밤나무를 아주 닮았다. 나무 모양새와 가지, 잎 등이 거의 흡사하다. 꽃 피는 시기 또한 6월 초~7월 중순으로 비슷하다. 하지만 결정적인 것은 역시 열매다. 밤나무 열매는 밤송이 속에 갈색으로 열리지만, 나도밤나무 열매는 핵과로 둥글고 붉다. 참고로 합다리나무를 닮아서 나도합다리나무라고도 하며, 한자로는 포취수(泡吹樹)라 불린다.

목재를 태우면 봉밀(蜂蜜)의 향기가 나고 거품이 나오는 특징이 있다. 학명에서 *Meliosma*는 바로 그리스 어로 봉밀을 뜻하는 meli와 향기를 뜻하는 osme의 합성어이다.

낙엽활엽소교목으로 키는 10m이고 지름이 20cm이다. 수피는 갈색이고 껍질눈이 많이 산재한다. 잎은 어긋나게 달리며 도란상의 타원형이고 가장자리에는 잔톱니가 있으며 양면에 털이 있다. 꽃은 새로 난 가지에 원추꽃차례로 달리고 6월 초~7월 중순에 황백색으로 핀다. 열매는 핵과로 둥글고 9월 말에서 11월 초에 주홍색으로 익는다.

나도밤나무 _ 잎

나도밤나무 _ 열매

남오미자

학명 *Kadsura japonica* (L.) Dunal

과명 오미자과

개화 4~8월

열매 9~10월

남오미자 _ 잎

남오미자 _ 꽃

생태적 특성

상록활엽 덩굴성 목본으로 오래된 줄기는 갈색으로 코르크층이 발달하기도 하며 굵은 것은 2cm에 이른다. 수피는 세로로 갈라져 벗겨진다. 잎은 어긋나며 두껍고 표면에 광택이 있으며 넓은 또는 긴 난형이거나 긴 타원상 피침형이고 길이 5~10cm, 너비 3~5cm이며 작은 톱니가 드문드문 있고 양면에 털이 없다. 꽃은 암수딴꽃 또는 암수한꽃이며 4~8월에 잎겨드랑이에 연한 황백색으로 달린다. 꽃받침조각은 2~4개이고 꽃잎은 6~8개이며 암술과 수술이 많다. 열매는 9~10월에 익는다. 종자는 길이 0.3cm 정도의 심장 모양이며 담황색이다.

남오미자 _ 수피

남오미자 _ 열매

노각나무

학명 *Stewartia pseudocamellia* Maxim.

과명 차나무과

개화 6~7월

열매 9~10월

노각나무 _ 꽃봉오리

노각나무 _ 꽃

생태적 특성

한국 특산이며 사슴뿔처럼 보드랍고 황금빛을 가진 아름다운 수피라는 뜻에서 녹각나무라고 하다가 지금의 노각나무로 변한 것이다. 백로의 다리를 닮은 아름다운 나무라는 설도 있다. 노가지나무, 비단나무라고도 하며, 껍질이 벗겨져서 적갈색 또는 황금색 얼룩무늬가 있어서 금수목(錦繡木)이라고도 한다.

낙엽활엽교목으로 키는 7~15m 정도이며 수피에는 홍색과 황색의 얼룩무늬가 있는데, 모과나무나 배롱나무와 같이 껍질이 벗겨진다. 잎은 어긋나며 타원형으로 가장자리에 물결 모양의 톱니가 있고 가을이면 황색으로 단풍이 든다. 꽃은 액생하며 동백꽃과 비슷한 꽃이 6~7월에 흰색으로 핀다. 열매는 삭과로 모서리가 5개로 갈라진 모양이며 9~10월에 익는데 갈색의 씨가 들어 있다.

노각나무 _ 잎

노각나무 _ 꼬투리

노간주나무

학명 *Juniperus rigida* Siebold & Zucc.

과명 측백나무과

개화 4~5월

열매 이듬해 10월

노간주나무 _ 새순

노간주나무 _ 암꽃

노간주나무 _ 수꽃

생태적 특성

노간주라는 이름은 강원도 방언에서 유래되었다고도 하며 노가자목(老柯子木)에서 유래되었다고도 한다. 이외에 코뚜레나무, 노가자나무, 노가지나무, 노간주향 등이 있다. 또 두송(杜松), 가이가(柯二柯)라고도 한다.

상록침엽관목 또는 소교목으로 키는 8m 정도이고 지름이 20cm이다. 가지가 거의 없고 하늘을 향해 곧게 뻗어 자라는데 뿌리는 줄기에서 'ㄴ'자로 뻗는다. 수피는 적갈색이며 이년생 가지는 다갈색이고 세로로 얕게 갈라진다. 수형은 원뿔형이다. 잎은 3개씩 돌려나고 끝이 뾰족하고 단면은 V자형이다. 암수딴그루로 수꽃은 난형으로 녹갈색이다. 암꽃은 원형으로 지름 0.3cm이며 포린으로 되어 있고 9개의 열매조각이 있으며 녹갈색으로 4~5월에 핀다. 열매는 구형 및 타원형으로 끝이 뾰족하고 검은빛을 띤 갈색이며, 이듬해 10월에 익는다. 씨는 갈색의 난형으로 3~4개씩 들어 있다.

노간주나무 _ 가지와 잎

노간주나무 _ 열매

노박덩굴

학명 *Celastrus orbiculatus* Thunb.

과명 노박덩굴과

개화 5~6월

열매 10월

노박덩굴 _ 암꽃

노박덩굴 _ 수꽃

생태적 특성

노박덩굴은 노란 박처럼 생긴 열매가 달리는 덩굴이라 하여 붙여진 이름이다. 줄기가 길 위에까지 뻗어 나와서 길을 가로막는 덩굴이라는 데에서 노박덩굴이라는 이름이 붙여졌다는 설도 있다. 놉방구덩굴, 노방패너울, 노랑꽃나무, 노파위나무, 노팡개더울, 노방덩굴, 노박따위나물 등 여러 가지 이명이 있으며, 한자명은 남사등(南蛇藤)이다.

낙엽활엽 덩굴성 목본으로 줄기의 길이는 10m 정도이고 홍갈색이다. 잎은 타원형이고 가장자리에 둔한 톱니가 있다. 꽃은 암수딴그루로 액생하는 취산꽃차례에 1~10송이가 달리며 노란빛을 띤 연녹색으로 5~6월에 핀다. 열매는 둥근 삭과로 10월에 황색으로 익는데, 열매껍질이 세 갈래로 갈라지면 붉은색 종의(가종피)에 싸인 씨앗이 모습을 드러낸다. 덩굴성으로 큰 나무 밑에 심어 나무를 감고 올라가게 하면 아름다운 열매를 감상할 수 있어 좋으며, 학교나 주택의 담장에 심으면 자연친화적인 녹화 효과가 있어 좋다. 열매가 아름다워 휴식공간이나 울타리용, 조경용 등으로 심으면 정취를 느낄 수 있다.

노박덩굴 _ 잎차례

노박덩굴 _ 열매

누리장나무

학명 *Clerodendrum trichotomum* Thunb.

과명 마편초과

개화 7~8월

열매 9~10월

누리장나무 _ 잎

누리장나무 _ 꽃

생태적 특성

나무가 냄새를 뿜어내는 까닭은 생존을 위해서이다. 향기로 벌을 유인하기도 하고, 가지가 꺾일 때 역겨운 냄새를 풍겨 더 이상 훼손하지 못하도록 하기도 한다. 누리장나무는 어린싹부터 누린내를 풍겨 자신의 존재를 알린다. 냄새가 역해 구린내나무라고도 하며 개똥나무, 개나무, 노나무, 누룬나무라고도 한다. 또한 오동나무와 비슷하고 냄새가 난다고 하여 취오동(臭梧桐)이라고도 부른다. 꽃말은 깨끗한 사랑이다.

낙엽활엽관목 또는 소교목으로 키는 약 2~5m이다. 잎은 마주나고 난형이며 끝이 뾰족하다. 잎 양면에 털이 나며 길이 8~20cm, 너비 5~13cm이다. 잎자루는 3~10cm이다. 꽃은 암수한그루이며 7~8월에 엷은 붉은색으로 새가지 끝에 취산꽃차례로 달리며 강한 냄새가 난다. 열매는 9~10월에 짙은 파란빛으로 익으며, 지름은 0.6~0.8cm로 둥글게 달린다.

누리장나무 _ 수피

누리장나무 _ 열매

느티나무

학명 *Zelkova serrata* (Thunb.) Makino

과명 느릅나무과

개화 4~5월

열매 10월

느티나무 _ 꽃봉오리

느티나무 _ 암꽃

느티나무 _ 수꽃

생태적 특성

느티나무는 괴목(槐木)에서 유래된 이름으로, 여기에서 괴목은 본래 느티나무가 아니라 회화나무를 뜻한다. 느티나무가 꼭 회화나무를 닮았는데, 누렇다고 해서 누른회나무 즉 눌회나무라 하다가 느티나무로 바뀌었다고 한다. 한편 한자로는 규목(槻木)이라고 한다.

낙엽활엽교목으로 키는 25m이고 지름이 3m이다. 수피는 회갈색으로 평활하나 오래되면 비늘처럼 떨어지며 작은 가지는 갈색이다. 잎은 어긋나며 타원형으로 끝이 뾰족하고 가장자리에는 톱니가 있다. 잎은 긴 타원형으로 좌우가 똑같지 않고 다소 일그러져 있는 것이 특징이다. 꽃은 4~5월에 피는데, 암꽃은 가지 끝에 1~2송이씩 달리며 수꽃은 새 가지 밑에 10송이씩 모여 난다. 열매는 10월에 익으며 평평하고 일그러진 둥근 편구형으로 뒷면에 능선이 있다.

느티나무 _ 잎

느티나무 _ 열매

다래

학명 *Actinidia arguta* (Siebold & Zucc.) Planch. ex Miq.

과명 다래나무과

개화 5~6월

열매 9~10월

다래 _ 암꽃

다래 _ 수꽃

생태적 특성

참다래나무, 다래넌출, 다래덩굴, 청다래나무라고도 하며, 한자명은 등리(藤梨), 연조(軟棗), 연조자(軟棗子) 등이다.

낙엽활엽 덩굴성 목본이며 줄기의 길이는 20m 정도이고 지름은 15cm 정도이다. 가지의 골속은 흰색 또는 갈색을 띠며 계단 모양이고 일년생 가지에는 잔털이 있으며 껍질눈이 뚜렷하고 가지는 갈색이다. 잎은 어긋나고 타원형으로 침상의 톱니가 나 있다. 꽃은 암수딴그루로 액생하는 취산꽃차례에 3~7송이가 달리는데, 5~6월에 매화꽃 같은 흰색 꽃이 핀다. 열매는 장과로 난상의 원기둥꼴이고 연한 황록색으로 9~10월에 익는다.

다래 _ 잎

다래 _ 열매

다릅나무

학명 *Maackia amurensis* Rupr.

과명 콩과

개화 7월

열매 9월

다릅나무 _ 새잎

다릅나무 _ 꽃

생태적 특성

다릅나무에서 '다릅'은, 겉의 수피는 너덜너덜하게 벗겨져 지저분하지만 속은 겉과 다르게 결이 곱고 아름다워 겉과 속이 다르다는 의미이다. 내수피는 황백색, 심재 부분은 짙은 갈색의 아름다운 무늬를 띤다. 송아지 코를 뚫는 데 사용한다 하여 쇠코둘개나무라 하며 개물푸레나무, 개박달나무, 소터래나무, 쇠코뜨래나무, 좀실다릅나무 등으로도 불린다.

낙엽활엽교목으로 키는 15m 정도이고 둘레는 50cm에 이른다. 수피는 회갈색으로 껍질이 지저분하고 너덜너덜하게 벗겨지는 특징이 있다. 잎은 아까시나무의 잎과 비슷하게 생겼는데 9~11개의 작은잎으로 된 홀수깃꼴겹잎이며 작은잎은 타원형 및 긴 난형이다. 꽃은 가지 끝에 총상 또는 원추꽃차례에 달리며 흰색으로 7월에 핀다. 열매는 넓은 선형의 협과로 털이 없으며 9월에 익는다.

다릅나무 _ 잎

다릅나무 _ 열매

다정큼나무

학명 *Raphiolepis indica* var. *umbellata* (Thunb.) Ohashi

과명 장미과

개화 4~6월

열매 10~12월

다정큼나무 _ 새순

다정큼나무 _ 꽃

생태적 특성

큰 나무라는 뜻이 들어 있으나 키는 2~4m로 관목이다. 꽃이 작지만 매화와 비슷하며, 잎이 나온 모양이 차의 바퀴살을 닮아서 한자로는 차륜매(車輪梅)라고도 한다.

상록활엽관목으로 바닷가의 볕이 잘 드는 산기슭에서 잘 자란다. 줄기가 곧으며 가지는 돌려난다. 수피는 회갈색이며 어린 가지는 솜털이 나지만 나중에 없어진다. 어긋나는 잎은 가지 끝에서는 모여나는 것처럼 보인다. 잎의 모양은 긴 타원형 또는 도란형이며 가장자리에는 둔한 톱니가 있다. 잎의 양면은 모두 광택이 나는데, 뒷면은 연녹색으로 두껍다. 잎자루의 길이는 0.5~2cm 정도이다.

꽃은 4~6월에 가지 끝에 흰색으로 원추꽃차례를 이루며 핀다. 꽃잎의 길이는 1~1.3cm이다. 꽃받침통에는 갈색 털이 밀생하나 점차 사라진다. 꽃잎과 꽃받침은 각각 5개이다. 10~12월에 콩알만 한 열매가 흑자색으로 익는데, 안에는 종자가 1개 들어 있다.

다정큼나무 _ 잎

다정큼나무 _ 열매

닥나무

학명 *Broussonetia kazinoki* Siebold

과명 뽕나무과

개화 5~6월

열매 8~10월

닥나무 _ 암꽃

닥나무 _ 수꽃

생태적 특성

닥나무라는 이름은 이 나무의 줄기를 꺾으면 '딱' 하는 소리가 난다고 해서 붙여졌다고 한다. 실제로 딱나무라고 부르기도 하며, 한자로 구피마(構皮麻)라는 이름도 있다.

닥나무 껍질로 팽이치기를 하면 '딱딱' 하는 경쾌한 소리가 나서 예로부터 팽이치기 놀이에 많이 쓰던 나무이기도 하다. 한방에서는 열매를 저실(楮實), 구수자(構樹子)라고 한다.

여러 개의 줄기가 휘어져 올라오고 수피는 회갈색이며 작은 가지에 짧은 털이 있으나 곧 없어진다. 잎은 난상의 타원형으로 어긋나고 가장자리에는 잔톱니와 2~3개의 결각이 있다. 꽃은 암수한그루로 5~6월에 핀다. 수꽃은 새로 난 가지의 아래쪽에서 액생하고, 암꽃은 위쪽에 액생한다. 열매는 8~9월에 붉은색의 둥그스름한 취화과로 익는다.

닥나무 _ 잎

닥나무 _ 열매

단풍나무

학명 *Acer palmatum* Thunb.

과명 단풍나무과

개화 4~5월

열매 10월

단풍나무 _ 새잎

단풍나무 _ 암꽃

단풍나무 _ 수꽃

생태적 특성

가을이면 온 산이 울긋불긋 곱게 단풍(丹楓)이 물든다. 여러 나무들이 저마다 멋진 단풍을 보여주는데, 그중에서 가장 대표적인 것이 바로 단풍나무이다. 산단풍나무, 내장단풍, 붉은단풍나무, 색단풍나무, 모미지나무 등으로도 불린다.

낙엽활엽소교목 또는 교목으로 키는 15m이고 수피는 적갈색이다. 잎은 마주나며 원형에 가깝고 5~9개로 깊게 갈라지며 가장자리는 겹톱니가 있다. 꽃은 암수한꽃 또는 암수한그루로 산방꽃차례에 달리며 4~5월에 핀다. 열매는 담황색의 시과로 둔각으로 벌어지며 10월에 익는다.

단풍이 아름다워 관상용으로 심으며 목재는 건축재, 악기재, 조각재, 가구재 등으로 쓰인다. 캐나다의 국기에 그려져 있는 단풍나무 잎은 설탕단풍(*Acer saccharum*)이다. 수액에 당분이 많아 단풍시럽을 만들어 먹는데, 자연 건강식으로 유명해 캐나다 여행을 하다보면 자주 볼 수 있다.

단풍나무 _ 잎

단풍나무 _ 열매

담쟁이덩굴

학명 *Parthenocissus tricuspidata* (Siebold & Zucc.) Planch.

과명 포도과

개화 5월

열매 9~10월

담쟁이덩굴 _ 새잎

담쟁이덩굴 _ 꽃

생태적 특성

흙 하나 없는 담장을 타고 오르는 것은 줄기의 가지 끝에 있는 흡착근 때문이다. 가만히 보면 정말 대단한 재주를 가졌는데, 그래서 '쟁이'라는 명칭이 붙었음을 알 수가 있다. 한자로는 지금(地錦) 또는 파산호(爬山虎), 상춘등(常春藤)이라고 하며 담쟁이넝쿨, 담장넝쿨, 담장이넝쿨, 돌담장이 등으로도 불린다. 여기에서 '지금'이라는 이름은 가을에 붉은 단풍이 들어 땅(地)을 뒤덮는 비단(錦)과 같다 하여 붙여졌다. 낙엽활엽 덩굴성 목본으로 줄기는 길이 10m 이상 자란다. 줄기가 많이 갈라지고 덩굴손은 짧으며 가지 끝에 흡착근이 생겨 담벼락이나 암벽에 잘 부착한다. 잎은 어긋나며 난형이고 어릴 때는 3개의 작은잎으로 된 겹잎이 나타나기도 한다. 꽃은 암수한꽃으로 많은 꽃이 액생 또는 가지 끝에 취산꽃차례를 이루며 황록색으로 5월에 핀다. 열매는 구형의 장과로 백분으로 덮이고 9~10월에 익는다.

담쟁이덩굴 _ 잎

담쟁이덩굴 _ 열매

당단풍나무

학명 *Acer pseudosieboldianum* (Pax) Kom.

과명 단풍나무과

개화 5월

열매 9~10월

당단풍나무 _ 꽃봉오리

당단풍나무 _ 암꽃(좌)과 수꽃(우)

생태적 특성

당단풍, 고로실나무, 박달나무, 고로쇠나무, 좁은단풍, 단풍나무, 왕단풍나무, 왕단풍, 왕실단풍나무, 넓은잎단풍나무, 산단풍나무 등 이명이 많다.

낙엽활엽소교목으로 키는 8m 정도이고 작은 가지는 녹자색으로 흰색 털이 있다. 잎은 난원형으로 보통 9~11개로 갈라지며 뒷면에 털이 있고 잎맥을 따라 흰색 유모(柔毛)가 밀생한다. 꽃은 암수한그루 또는 암수한꽃으로 정생하는 산방꽃차례에 달린다. 암수한꽃은 2~3송이가 달리고 흰색 또는 황백색으로 5월에 핀다. 열매는 자갈색이며 날개는 둔각으로 벌어지고 9~10월에 익는다.

우리나라 전국의 산지에서 가장 많이 볼 수 있는 나무로, 특히 중부지방에서는 단풍나무의 대부분을 차지한다. 북한산과 관악산, 설악산 등지에서 많이 자라는데, 특히 산지 침엽수림 밑에서 많이 자란다. 단풍이 아름다워 정원수로 주로 많이 심는다.

당단풍나무 _ 단풍

당단풍나무 _ 열매

대팻집나무

학명 *Ilex macropoda* Miq.

과명 감탕나무과

개화 5~6월

열매 10월

대팻집나무 _ 잎

대팻집나무 _ 암꽃

대팻집나무 _ 수꽃

생태적 특성

대팻집나무는 잎이 모여나는 짧은 가지가 대팻밥처럼 보인다 하여 붙여진 이름이다. 또한 이 나무의 목재가 치밀하고 무거우며 건조 후에도 잘 갈라지지 않아 대팻집을 만드는 데 쓰인다고 해서 대팻집나무라고도 한다. 물안포기나무, 대패집나무라고도 한다. 껍질은 회백색이고 어린 가지는 회갈색인 점이 다른 나무와 다른 점이다.

낙엽활엽교목으로 키는 15m 정도이고 지름이 30cm로 수피는 회갈색이며 가지는 짧다. 잎은 어긋나며 짧은 가지에서는 모여나기 하고 타원형으로 뒷면 맥 위에 털이 있다.

암수딴그루이고 수꽃은 여러 송이가 모여 달리며 암꽃은 짧은 가지 위에 1송이 또는 몇 송이가 모여 달리고 백록색으로 5~6월에 핀다. 열매는 핵과로 육질이고 10월에 붉은색으로 익는데 새들의 좋은 먹이가 된다.

대팻집나무 _ 단풍

대팻집나무 _ 열매

덜꿩나무

학명 *Viburnum erosum* Thunb.

과명 인동과

개화 5월

열매 9~10월

덜꿩나무 _ 잎

덜꿩나무 _ 꽃

생태적 특성

덜꿩나무 열매는 사람이 먹을 수 있지만, 새들의 먹이로 알맞다. 특히 들꿩이 잘 먹는다고 하여 덜꿩나무라는 이름을 얻었다고 한다.

낙엽활엽관목으로 키는 2m이다. 어린 가지에는 별 모양의 털이 빽빽이 난다. 잎은 마주나며 난형 또는 도란형이다. 잎은 길이 4~10cm, 너비 2~7.5cm로 가장자리에 톱니가 있다. 앞면에 별 모양으로 갈라진 잔털이 조금 있고, 뒷면은 빽빽하다. 가막살나무와 잎이 매우 흡사한데, 이때는 열매를 보고 구분하는 것이 편하다. 덜꿩나무는 열매가 성기게 열리며 보통 아래로 늘어지나, 가막살나무는 열매가 잎 위로 빽빽이 뭉쳐난다.

꽃은 5월에 가지 끝에 흰색으로 달리며, 꽃받침조각은 난상의 원형이다. 열매 역시 난상의 원형으로 9~10월에 빨갛게 익는다. 종자는 양쪽에 홈이 있다.

덜꿩나무 _ 수피

덜꿩나무 _ 열매

돈나무

학명 *Pittosporum tobira* (Thunb.) W. T. Aiton

과명 돈나무과

개화 5~6월

열매 10~12월

돈나무 _ 암꽃

돈나무 _ 수꽃

생태적 특성

섬엄나무, 똥나무, 섬음나무, 음나무, 갯똥나무, 해동 등으로도 불린다.

상록활엽관목으로 키는 2~3m 정도이고 가지에 갈색 털이 있다. 잎은 혁질로 가지 끝에서 돌려나고 긴 도란형이다. 가장자리는 밋밋하고 뒤로 말리면서 반원형의 수관을 이루는데 수형이 아름답다. 꽃은 암수한꽃으로 가지 끝에 취산꽃차례를 이루며 흰색에서 점차 황색으로 되고 향기가 나며 5~6월에 핀다. 열매는 삭과로 털이 있으며 10~12월에 익는데 3갈래로 갈라지며 붉은 점액에 싸인 씨가 잔뜩 들어 있다.

한방에서는 줄기와 꽃을 중풍, 종기, 골절, 관절염, 결막염, 고혈압, 동맥경화, 아토피나 습진, 혈액순환, 천식, 치통 등을 치료하는 데 사용한다. 줄기, 잎, 꽃은 햇볕에 말려 사용한다.

돈나무 _ 잎

돈나무 _ 열매

돌가시나무

학명 *Rosa wichuraiana* Crep. ex Franch. & Sav.

과명 장미과

개화 5~6월

열매 9~10월

돌가시나무 _ 새잎

돌가시나무 _ 꽃

생태적 특성

가시나무라는 이름은 붙었으나, 장미과에 속하며 도토리가 열리는 참나무과의 가시나무와는 종이 다르다.

반상록활엽 포복성 관목으로 바닷가에서 잘 자란다. 전체에 가시가 많은 반면에 털은 없다. 어긋나는 잎은 7~8개의 작은잎으로 구성된 깃꼴겹잎이다. 작은잎은 도란형이거나 넓은 난형이다. 잎끝이 뭉뚝하고 밑부분은 둥글다. 잎 가장자리에 톱니가 있는 것이 특징이다. 흰색의 꽃은 지름이 약 4cm이며, 가지 끝에 1~5송이가 달린다. 꽃잎은 잎과 비슷한 모양으로 끝이 오목하며, 꽃받침조각은 피침형이다. 열매는 가을에 붉게 익는데 모양은 둥글다.

돌가시나무 _ 잎차례

돌가시나무 _ 열매

돌배나무

학명 *Pyrus pyrifolia* (Burm.f.) Nakai

과명 장미과

개화 4월

열매 8월

돌배나무 _ 잎

돌배나무 _ 꽃

생태적 특성

낙엽활엽 소교목으로 키는 5~20m이다. 어린 가지는 갈색이고 타원형 또는 원형의 껍질눈이 있으며 짧은 가지가 많다. 잎자루는 길이 3~7cm이다. 턱잎은 길게 자라고 일찍 떨어진다. 잎은 원형 또는 넓은 난형이며 잎끝은 점차 길게 뾰족해지고 밑은 둥글며 가장자리에 예리한 톱니가 있고, 길이 7~12cm이다. 꽃자루는 길이 3~4cm이다. 꽃은 4월에 짧은 가지 끝에 5~10송이씩 달리며 흰색이다. 꽃받침조각은 흰 털이 빽빽하고 꽃잎은 원형, 도란형 또는 넓은 난형으로 길이 0.8~1cm이다. 수술은 약 20개, 암술대는 5개이다. 열매는 이과로 지름 2~3cm이며 다갈색으로 익는다.

돌배나무 _ 열매(미성숙)

돌배나무 _ 열매(성숙)

동백나무

학명 *Camellia japonica* L.

과명 차나무과

개화 12월~이듬해 4월

열매 9~10월

동백나무 _ 겨울눈

동백나무 _ 꽃

생태적 특성

동백, 뜰동백나무, 뜰동백으로도 불리며, 한자로는 홍산차(紅山茶), 동백목(冬柏木), 동백(冬柏)으로 쓴다. 특이한 것은 이름에 차를 뜻하는 차(茶) 자를 붙인 것인데, 이는 이 동백나무가 차나무과이기 때문이다.

동백꽃은 벌과 나비의 힘을 빌리지 않는 대신, 화밀(花蜜)이 많아 동박새에 의해 수정이 이루어진다. 동백꽃은 동박새에게 꿀을 먹이고 동박새는 동백꽃의 꽃가루를 날라다주어 꽃가루받이를 시켜주는 공생관계이다. 이렇게 새를 이용해 수분하는 꽃을 조매화(鳥媒花)라고 한다.

상록활엽소교목으로 키는 7m 정도이고 작은 가지는 홍갈색이다. 잎은 어긋나고 타원형 및 긴 타원형으로 예저이며 물결 모양의 잔톱니가 있다. 꽃은 암수한꽃으로 가지 끝에 1송이씩 피며 꽃잎은 5~7장으로 12월부터 이듬해 4월에 핀다. 열매는 구형의 삭과로 9~10월에 익고 3개로 갈라지며 씨는 암갈색이다.

동백나무 _ 잎

동백나무 _ 열매

두릅나무

학명 *Aralia elata* (Miq.) Seem.

과명 두릅나무과

개화 8~9월

열매 10월

두릅나무 _ 어린순

두릅나무 _ 꽃

생태적 특성

두릅나무 이름은 목두채(木頭菜)에서 둘훕이 유래되었고 다시 두릅으로 변한 것이다. 두채는 나무줄기의 끝에서 나오는 어린순이 마치 머리처럼 나오는 것을 비유하여 이름을 붙였다. 드릅나무, 참두릅나무, 참두릅, 참드릅 등으로도 불리며, 한자명은 늙은 까마귀 발톱 같은 가시가 있다 하여 자노아(刺老鴉), 용의 비늘과 같다 하여 자룡아(刺龍芽)로 불리기도 한다.

낙엽활엽관목 또는 소교목으로 키는 3~5m이고 수피는 회색이며 줄기에 가시가 많다. 잎은 어긋나며 홀수 2회 깃꼴겹잎이며 잎줄기와 작은잎에 가시가 있다. 작은잎은 넓은 난형 및 긴 난형으로 가장자리에 큰 톱니가 있고 뒷면은 회색으로 맥 위에 털이 있다. 꽃은 암수한꽃으로 휘색이며 가지 끝에서 나오는 산형상의 원추꽃차례로 8~9월에 흰색으로 핀다. 열매는 구형으로 5개의 능선이 있고 10월에 검은색으로 익는다.

두릅나무 _ 잎

두릅나무 _ 열매

딱총나무

학명 *Sambucus williamsii* var. *coreana* (Nakai) Nakai

과명 인동과

개화 5~6월

열매 7월

딱총나무 _ 꽃봉오리

딱총나무 _ 꽃

생태적 특성

딱총나무는 서양에서 마법사의 나무로 알려져 있어 마법 지팡이를 만드는 재료라고 믿어 왔다. 또 생존력이 강하여 부활의 상징으로도 여겨졌다. 북부 독일에서는 딱총나무의 어린 가지를 잘라 죽은 자의 치수를 재는 것이 관습이었고, 영구차를 모는 사람은 채찍 대신 딱총나무 막대기를 사용했다고 한다. 우리나라에서는 줄기를 꺾으면 '딱' 하고 총소리가 나서 딱총나무라고 했으며, 가지로 딱총을 만들어서 놀기도 했다.

낙엽활엽관목으로 키는 3m이다. 덩굴처럼 자라는 것이 특징이며 나무 껍질은 갈색 또는 회갈색이다. 어린 가지는 연초록빛을 띤다. 잎은 마주나고 깃꼴겹잎이며 장타원형으로 생긴 작은잎은 5~9개로 길이 5~14cm, 너비 2~5cm이다. 꽃은 5~6월에 가지 끝에 황록색으로 달린다. 둥근 열매는 7월에 붉게 익는다.

딱총나무 _ 잎차례

딱총나무 _ 열매

때죽나무

학명 *Styrax japonicus* Siebold & Zucc.

과명 때죽나무과

개화 5~6월

열매 9~10월

때죽나무 _ 잎

때죽나무 _ 꽃

생태적 특성

때죽나무는 열매껍질에 독성이 있어 옛날에는 열매를 찧어 물에 풀어 물고기를 잡았는데, 물고기가 떼로 죽는다고 해서 떼죽나무라 하던 것이 때죽나무로 바뀌었다는 유래가 있다. 또 사포닌 성분이 들어 있어서 비누로도 썼는데, 기름때를 쭉 뺀다고 하여 때죽나무라고 했다는 설도 있고, 다갈색의 줄기가 마치 때가 많은 것처럼 보여 때죽나무라고 했다는 설도 있다. 노가나무, 족나무, 왕때죽나무, 때쭉나무라고도 하며, 한자명은 제돈과(齊墩果), 야말리(野茉莉)이다.

낙엽활엽소교목으로 키는 10m 정도이다. 밑에서 많은 줄기를 내는데 줄기는 흑갈색으로 세로로 줄이 나 있으며 어린 줄기에는 수피가 세로로 일어난다. 잎은 어긋나고 좁은 난형이다. 꽃은 암수한꽃으로 2~5송이가 액생으로 총상꽃차례에 달리는데 종처럼 생긴 흰 꽃이 아래를 보고 5~6월에 일제히 핀다. 열매는 난상 원형의 핵과로 긴 자루에 주렁주렁 매달리며 9~10월에 회녹색으로 익는다. 씨는 갈색으로 1~2개가 들어 있다.

때죽나무 _ 벌레집

때죽나무 _ 열매

마삭줄

학명 *Trachelospermum asiaticum* (Siebold & Zucc.) Nakai

과명 협죽도과

개화 6~7월

열매 8~10월

마삭줄 _ 새잎

마삭줄 _ 꽃

생태적 특성

마삭줄은 협죽도과의 덩굴성 식물로 삼으로 꼰 밧줄 같다고 해서 마삭(麻索)줄이라고 한다. 마삭나무, 겨우사리덩굴, 마삭덩굴, 마살풀이라고도 한다. 재미있는 것은 줄기가 땅에 닿으면 그곳에 뿌리를 내리며, 다른 물체에 닿으면 그 물체에 붙어 위로 올라간다.

상록활엽 덩굴성 목본으로 줄기는 길이가 5m 정도까지 뻗는다. 잎은 타원형 또는 난형으로 마주나며 표면은 짙은 녹색으로 윤기가 흐르고 뒷면에는 털이 있거나 또는 없다. 꽃은 6~7월에 하얗게 피어서 점점 노란빛으로 바뀌어 간다. 다섯 장의 꽃잎이 마치 바람개비처럼 돌려나고 지름은 2~3cm 내외이며, 열매는 8~10월에 길이 1.2~2.2cm로 2개씩 달린다. 꼬투리처럼 생긴 긴 열매가 활처럼 굽어 달리는데, 바람개비처럼 생긴 꽃에서 활 같은 모양의 열매를 맺는다.

마삭줄 _ 잎

마삭줄 _ 열매

말오줌때

학명 *Euscaphis japonica* (Thunb.) Kanitz

과명 고추나무과

개화 5월

열매 9~10월

말오줌때 _ 새순

말오줌때 _ 꽃

생태적 특성

나무도 의사 표시를 한다. 특히 상처가 났을 때에는 이상한 냄새를 뿜어내 더 이상 건드리지 말라는 무언의 아우성을 쳐댄다. 이 나무도 나뭇가지를 꺾으면 오줌처럼 지린내가 나고, 옛날에는 줄기로 말채찍을 만들었다고 한다. 그래서 자연스럽게 말오줌때라는 이름이 붙은 것이다. 칠선주나무, 나도딱총나무라고도 부른다. 고추나무과에 속하는 낙엽활엽소교목으로 키는 약 5~6m에 달한다. 마주나는 잎은 홀수깃꼴겹잎이며, 길이는 25cm 정도이다. 작은잎은 5~11개가 달리는데, 난형이거나 피침상의 난형이며 가장자리에 톱니가 난다.

꽃은 5월에 황색으로 원추꽃차례를 이룬다. 꽃잎은 다섯 장이다. 열매는 9~10월에 골돌과로 익는데 붉은빛이 돈다. 벌어져 보이는 열매의 속은 연한 분홍빛이며 까맣고 반질반질한 구슬 같은 씨앗이 드리나 꽤 보기에 좋다.

말오줌때 _ 잎

말오줌때 _ 열매

말채나무

학명 *Cornus walteri* F. T. Wangerin

과명 층층나무과

개화 5~6월

열매 9~10월

말채나무 _ 잎

말채나무 _ 꽃

생태적 특성

봄에 나오는 가느다란 가지가 말채찍으로 쓰인다고 해서 말채나무라고 한다. 또 다른 설로는 옛날에 용감한 장수가 장렬하게 전사했는데, 그가 쓰던 말채찍을 땅에 꽂아 놓았더니 이 나무가 자랐다고도 한다. 막깨낭, 말채목, 빼빼목, 피골목, 홀쭉이나무, 뫼조나무, 설매목이라고도 한다.

우리나라와 중국 등지에 분포한다. 우리나라에서는 해발 100~1,200m의 산야와 계곡에 자생한다. 궁궐이나 왕릉 주변에 이 나무를 많이 심기도 했다. 햇빛을 좋아하지만 그늘에서도 잘 자란다. 추위를 잘 견디고 맹아력도 강하나 생장은 느린 편이다.

낙엽활엽교목으로 키는 10m이고 지름은 50cm이며 수피는 흑갈색으로 갈라진다. 잎은 마주나며 난형 및 타원형이고 표면에 털이 약간 있으며 뒷면은 백록색으로 털이 나 있고 측맥은 4~5쌍이 뚜렷하다. 꽃은 가지 끝에 취산꽃차례를 이루며 5~6월에 피고 털이 있다. 열매는 둥근 핵과로 9~10월에 검은색으로 익는다.

말채나무 _ 수피

말채나무 _ 열매

머귀나무

학명 *Zanthoxylum ailanthoides* Siebold & Zucc.

과명 운향과

개화 7~8월

열매 10~11월

머귀나무 _ 새순

머귀나무 _ 꽃

생태적 특성

언뜻 보면 산초나무처럼 생겼으나 잎도 크고 나무도 훨씬 크게 자란다. 머구낭, 머귀남, 머귀낭 등으로도 불린다. 오동나무도 예전에는 머귀나무로 불렸으나 서로 다른 종이고, 머귀나물로 불리는 머위와도 물론 다르다. 우리나라의 울릉도와 남부지방의 섬, 중국, 일본, 타이완, 필리핀 등지에 분포한다. 유사종으로 가시가 없는 민머귀나무와 잎 크기가 작은 좀머귀나무가 있다.

낙엽활엽교목으로 키는 15m이다. 가지는 굵으며 회색이다. 대부분의 줄기가 세 가닥으로 갈라지곤 한다. 가지에는 길이 0.5~0.7cm의 가시가 난다. 어긋나는 잎은 홀수깃꼴겹잎이며 작은잎은 19~23개 정도 달린다. 작은잎은 넓은 피침형으로 가장자리에 선상의 잔톱니가 난다. 잎의 뒷면은 희다. 꽃은 암수딴그루로 7~8월에 피는데 원추꽃차례를 이룬다. 열매는 삭과로 10~11월에 익는다. 열매 속의 검은 종자는 매운맛을 낸다.

머귀나무 _ 잎차례

머귀나무 _ 열매

멀꿀

학명 *Stauntonia hexaphylla* (Thunb.) Decne.

과명 으름덩굴과

개화 4~5월

열매 10월

멀꿀 _ 새잎

멀꿀 _ 암꽃

멀꿀 _ 수꽃

멀꿀은 제주 방언에서 유래된 이름으로 열매의 속살 맛이 꿀과 같다고 하여 붙여진 것이다. 제주도에서는 멍꿀, 멍줄이라 부르며 완도에서는 먹나무 또는 멍나무라 부르기도 한다.

상록활엽 덩굴성 목본이며 줄기의 길이는 15m 정도이고 일년생 줄기는 털이 없고 녹색이며 왼쪽으로 감아 올라가는 습성이 있다. 잎은 혁질로 손꼴겹잎이고, 작은잎은 5~7장으로 이루어졌으며 두껍고 타원형이다. 꽃은 액생하는 총상꽃차례에 달리는데, 연한 황백색 바탕에 안쪽에 적갈색 선이 있으며 4~5월에 핀다. 열매는 타원형의 장과이고 적갈색으로 10월에 익으며 과육은 황색으로 달리는데 단맛이 난다. 종자는 검은색으로 열매에 100개 이상 들어 있다.

멀꿀 _ 잎

멀꿀 _ 열매

멍석딸기

학명 *Rubus parvifolius* L.

과명 장미과

개화 5~6월

열매 7~8월

멍석딸기 _ 새순

멍석딸기 _ 꽃

생태적 특성

제주도에서는 멍석딸기를 콩탈이라고도 부르며 지방에 따라 멍딸기, 번둥딸나무, 멍두딸, 수리딸나무라고도 한다.

낙엽활엽 덩굴성 관목으로 산기슭 이하의 낮은 지대에서 잘 자란다. 줄기는 1~2m 길이로 옆으로 퍼지는데, 이렇게 퍼지는 줄기와 잎들이 마치 멍석처럼 펼쳐져 멍석이라는 이름을 붙인 모양이다.

줄기에 갈고리 모양의 작은 가시가 난다. 잎은 어긋나며 작은잎이 3개로 이루어지는데, 어린잎은 5개인 것도 흔하나. 작은잎은 노란형이거나 난원형을 이룬다. 잎 뒷면에 흰 털이 밀생하며, 가장자리에는 톱니가 난다. 꽃은 5~6월에 분홍색으로 위를 향해 핀다. 꽃자루에도 가시가 있으며, 꽃잎은 5장으로 이루어져 있다. 열매는 7~8월에 붉은색으로 1.2~1.5cm의 크기로 둥글게 익는데, 맛이 좋은 편에 속한다.

멍석딸기 _ 잎

멍석딸기 _ 열매

모감주나무

학명 *Koelreuteria paniculata* Laxmann

과명 무환자나무과

개화 6~7월

열매 9~10월

모감주나무 _ 새순

모감주나무 _ 꽃

생태적 특성

모감주나무는 별명으로 염주나무라고도 한다. 꽈리 모양의 열매 안에 까맣고 단단한 씨가 들어 있는데 이 씨로 염주를 만들어 붙여진 것이다. 영어명은 Goldenrain tree라고 이름을 붙였는데, 이 나무의 꽃 모양이 마치 황금비가 내린 듯하다 하여 붙여진 것이다. 한자명은 보리수(菩提樹), 난수(欒樹)이다. 난수는 서양에서는 이 나무의 꽃을 황금 비로 보았지만 중국에서는 마치 실이 엉켜 있는 모습으로 보여 붙여진 것이다.

낙엽활엽소교목 또는 교목으로 키는 10m 정도이고 잎은 어긋나며 7~15개의 작은잎으로 된 홀수깃꼴겹잎으로 가장자리에 결각상의 불규칙한 둔한 톱니가 있다. 꽃은 가지 끝에서 원추꽃차례를 이루며 노란색으로 6~7월에 핀다. 열매는 꽈리 같은 주머니 모양의 삭과로 9~10월에 익으며 씨는 둥글고 검은색으로 약간 광택이 난다.

모감주나무 _ 잎차례

모감주나무 _ 열매

모람

학명 *Ficus oxyphylla* Miq. ex Zoll.

과명 뽕나무과

개화 7~8월

열매 10월~이듬해 1월

모람 _ 덩굴줄기

모람 _ 꽃

생태적 특성

상록활엽 덩굴성 목본으로 우리나라 남해안과 제주도에 주로 분포한다. 줄기는 길이가 2~5m이며, 가지에 돋는 공기뿌리로 다른 물체에 붙어 올라가며 자란다. 잎은 어긋나고 두꺼우며 피침형 또는 타원상 피침형으로 가장자리가 밋밋하고 털이 없으나 뒷면은 흰빛이 돌며 잎맥이 그물처럼 튀어나온다. 잎자루는 0.7~2cm로 잔털이 있다. 암수딴그루로 7~8월에 잎겨드랑이에 둥근 열매처럼 생긴 꽃이삭이 한두 개 달리는데, 그 속에 자잘한 꽃이 많이 붙는다. 겉에서 보면 꽃이 감춰져 있어 보이지 않으므로 은화과 식물이라고 한다. 열매는 10월부터 이듬해 1월에 자흑색으로 둥글게 익는데, 지름은 1cm 정도이고 단맛이 있어 식용할 수 있다.

모람 _ 잎

모람 _ 열매

무환자나무

학명 *Sapindus mukorossi* Gaertn.

과명 무환자나무과

개화 5~6월

열매 10월

무환자나무 _ 꽃차례

무환자나무 _ 암꽃

무환자나무 _ 수꽃

생태적 특성

열매로 염주를 꿰는데, 근심과 걱정이 있을 때나 염주 알을 돌리며 잊는 것이다. 무환자(無患子)는 근심을 없애는 열매라는 뜻이다. 또 이 나무를 집에 심으면 자녀에게 우환이 미치지 않는다고 해서 무환자라고 했다고도 한다. 염주를 만든다 해서 염주나무, 껍질을 비누처럼 사용한다고 해서 비누나무라고도 불린다. 제주도에서는 도욱낭 또는 더욱낭으로도 불리고 있다.

낙엽활엽교목으로 키는 20m이고 줄기는 곧고 길게 자란다. 수피는 녹갈색이다. 가지는 굵고 비스듬하게 뻗으며 자랄수록 구불구불 비틀어지는데 마치 비틀임 모양이다. 잎은 깃꼴겹잎으로 어긋나게 달리는데 작은잎은 9~13개씩 긴 타원형으로 양면에 주름이 있고 가장자리는 밋밋하다. 꽃은 5~6월에 노란빛이 도는 연녹색으로 핀다. 열매는 10월에 작은 공 모양으로 익는데 열매가 익으면 황살색이 되며 껍질은 반투명하다. 열매 속에는 검고 둥근 씨앗이 1개 들어 있으며 속살이 비어 있어 흔들면 움직인다.

무환자나무 _ 잎

무환자나무 _ 열매

반송

학명 *Pinus densiflora* f. *multicaulis* Uyeki

과명 소나무과

개화 5월

열매 9~10월

반송 _ 암꽃

반송 _ 수꽃

생태적 특성

상록침엽교목으로 소나무와 같이 배수가 잘 되는 모래흙에서 잘 자란다. 꽃, 열매, 종자의 특징은 소나무와 같다. 줄기 밑부분에서 많은 줄기가 갈라져 우산 모양으로 자란다. 충분한 햇볕이 필요하며 조금 그늘이 진 곳에서도 견딘다. 잎은 바늘잎으로 2개가 모여나는데 길이 8~14cm, 너비 0.5cm이다. 꽃은 암수한그루이며, 암꽃은 난형으로 2~3송이가 새 가지 끝에 돌려나고, 수꽃은 새 가지 밑부분에 달리며 타원형으로 갈색이다. 열매는 난형이며, 종자는 날개가 있고 타원형이며 검은 갈색이다.

반송 _ 잎

반송 _ 수피

병꽃나무

학명 *Weigela subsessilis* (Nakai) L. H. Bailey

과명 인동과

개화 4월

열매 9~10월

병꽃나무 _ 겨울눈

병꽃나무 _ 꽃

생태적 특성

우리나라에서만 자생하는 특산종으로, 전국 대부분의 산에서 흔하게 볼 수 있는 식물이다.

낙엽활엽관목으로 키는 3m 정도이다. 연한 잿빛을 띠는 줄기에 얼룩무늬가 있는 점이 독특하다. 잎은 마주나고 잎자루는 거의 없다. 잎의 모양은 도란상의 타원형 또는 넓은 난형으로 끝이 뾰족하다. 잎 양면에 털이 있고 뒷면 맥 위에는 퍼진 털이 있다. 잎 가장자리에는 자은 톱니가 난다

꽃은 4월에 노랗게 피며 점점 붉어진다. 잎겨드랑이에 한두 송이씩 달리는데, 꽃의 모양이 병처럼 생겨서 병꽃나무라는 이름을 얻었다. 꽃받침은 5개로 갈라지며 털이 나 있다. 열매는 바나나처럼 길게 구부러지며 길이는 1~1.5cm로서 9~10월에 성숙하여 2개로 갈라지고 종자에 날개가 있다.

병꽃나무 _ 잎

병꽃나무 _ 열매

보리밥나무

학명 *Elaeagnus macrophylla* Thunb.

과명 보리수나무과

개화 9~10월

열매 이듬해 3~4월

보리밥나무 _ 새순

보리밥나무 _ 꽃

생태적 특성

보리밥나무는 봄보리수나무, 보리똥나무, 봄보리똥나무라고도 하며 울릉도에서는 뽈뚜나무라고도 한다. 뽈뚜는 울릉도에서 이 나무의 열매를 이르는 말로, 어린아이들의 군것질거리는 물론 술로 담가 먹기도 했다.

상록활엽 덩굴성 목본으로 줄기의 길이가 2~3m밖에 안 되며 수피는 암갈색이다. 어린 가지에 연한 갈색의 비늘털로 덮여 있는 것이 특징이다. 어긋나는 잎은 난형이다. 잎 양면에 은백색 비늘털이 뒤덮여 있다가 나중에 앞면의 털은 사라지며 가장자리는 밋밋한 편이다. 9~10월에 꽃이 잎겨드랑이에 몇 송이씩 달린다. 황백색으로 된 꽃받침은 화관상으로 종처럼 생긴다. 핵과의 열매는 타원형으로 이듬해 3~4월에 붉게 익는다. 열매의 길이는 1.5~1.7cm이다.

보리밥나무 _ 잎

보리밥나무 _ 열매

보리장나무

학명 *Elaeagnus glabra* Thunb.

과명 보리수나무과

개화 10~12월

열매 이듬해 4~5월

보리장나무 _ 잎

보리장나무 _ 꽃

생태적 특성

보리 또는 보리수 이름이 붙은 나무는 크게 두 가지로 나뉘는데, 부처님이 도를 깨우쳤다는 뜻의 보리수(菩提樹)가 있고, 보리가 익을 무렵에 빨간 열매를 맺는다고 해서 붙여진 보리수(甫里樹)가 있다.

보리장나무는 덩굴볼레나무, 볼네나무, 덩굴보리수나무라고도 한다. 덩굴성 목본이지만 다른 물체를 감지 않고 자라는 것이 특징이다.

상록활엽 덩굴성 목본으로 줄기의 길이는 3m가량이며 줄기에는 갈색 인모가 있다. 어긋나는 잎은 긴 타원형이며, 잎 양 끝이 좁다. 잎 가장자리는 물결 모양이며 비늘털이 있으나 앞면의 털은 사라진다. 10~12월에 흰색 꽃이 잎겨드랑이에 몇 송이씩 달린다. 핵과의 열매는 타원형으로 길이는 1~1.8cm이고, 이듬해 4~5월에 붉게 익으며 적갈색 비늘털로 덮인다.

보리장나무 _ 열매(미성숙)

보리장나무 _ 열매(성숙)

복분자딸기

학명 *Rubus coreanus* Miq.

과명 장미과

개화 5~6월

열매 7~8월

복분자딸기 _ 꽃봉오리

복분자딸기 _ 꽃

생태적 특성

낙엽활엽관목으로 키는 3m 정도로 줄기는 아래로 뻗는다. 작은 가지는 적갈색이고 백분으로 덮여 있다. 잎끝은 뾰족하고 큰 잎자루에는 가시가 있다. 잎은 홀수깃꼴겹잎으로 어긋나고 작은잎은 난형 및 타원형이다. 꽃은 5~6월에 가지 끝에 산방꽃차례에 달리는데 분홍 또는 연보랏빛으로 핀다. 열매는 난형의 취과로 7~8월에 붉은색에서 흑색으로 익는다.

우리나라와 중국에 분포한다. 일본에서도 재배는 하나 공식적인 약재로는 우리나라와 중국에서만 취급한다. 우리나라에서는 황해도 이남의 해발 50~1,000m의 계곡과 산기슭에 자란다. 건조하거나 습한 조건에 관계없이 햇빛이 잘 드는 곳에서는 잘 자라는데 주로 산기슭, 폐경지, 화전지 주변 등의 양지에서 잘 자란다.

복분자딸기 _ 잎차례

복분자딸기 _ 열매

붉가시나무

학명 *Quercus acuta* Thunb.

과명 참나무과

개화 5월

열매 이듬해 10월

붉가시나무 _ 겨울눈

붉가시나무 _ 암꽃

붉가시나무 _ 수꽃

생태적 특성

붉가시나무 역시 참나무과 가시나무의 한 종류이다. 목재의 빛깔이 붉기 때문에 붉가시나무라는 이름이 붙었다. 키는 약 20m이며, 지름이 60cm로 가시나무 종류 중에는 비교적 큰 나무이다. 줄기가 곧게 자라면서도 가지가 많으며 잎이 무성하여 전체적인 모양이 장중한 느낌을 준다. 가히 숲의 제왕이라는 표현이 어울리는 수종이다.

상록활엽교목으로 주로 양지바른 산기슭과 계곡에서 자란다. 수피는 녹색과 회색을 띤 검은색이다. 작은 가지에 갈색 털이 나나 2년생이 되면 털이 없다. 대신 검은 자주색 껍질눈이 원형 또는 타원형으로 생기곤 한다. 어긋나는 잎은 긴 난형이거나 긴 타원형이며, 처음에는 갈색 털로 덮이나 곧 사라진다. 암수한그루로 5월에 꽃이 피는데, 암꽃은 위에 선 채 달리며 수꽃은 어린 가지 밑부분에서 밑으로 처지게 핀다. 이듬해 10월에 익는 열매는 타원형 또는 넓은 타원형 견과이며, 크기는 대략 2cm이다.

붉가시나무 _ 잎

붉가시나무 _ 열매

붉나무

학명 *Rhus javanica* L.

과명 옻나무과

개화 7~9월

열매 10월

붉나무 _ 오배자(벌레집)

붉나무 _ 암꽃

붉나무 _ 수꽃

생태적 특성

가을에 단풍이 마치 불이 붙은 듯하다고 해서 붉나무라고 부른다. 지방에 따라 오배자나무, 굴나무(경상도), 뿔나무(강원도), 불나무(전남)로 부르기도 하며, 오배자수(五倍子樹), 염부목(鹽膚木), 산오동(山梧桐)이라고도 한다. 여기에서 염부목은 이 나무에 소금 성분이 들어 있기 때문에 붙여진 것이다. 한편 오배자수라는 이름은 잎줄기, 새잎, 어린순에 오배자벌레가 기생하여 혹같이 생긴 벌레집을 만드는데, 이를 오배자라고 해서 붙여진 것이다.

낙엽활엽소교목으로 키는 7m 정도이고 수피는 심갈색이며 작은 가지에 털이 있다. 잎은 어긋나고 홀수깃꼴겹잎이며 작은잎은 7~13개이고 난상의 타원형이다. 잎의 가장자리에 톱니가 드문드문 나 있으며 잎줄기에 날개가 있다. 꽃은 암수딴그루로 7~9월에 유백색으로 핀다. 수꽃 꽃차례는 길고 암꽃 꽃차례는 짧게 핀다. 열매는 편구형의 핵과로 10월에 황적색으로 익는데 황갈색의 잔털이 덮여 있으며 시고 짠맛이 난다.

붉나무 _ 잎차례

붉나무 _ 열매

비목나무

학명 *Lindera erythrocarpa* Makino

과명 녹나무과

개화 4~5월

열매 9~10월

비목나무 _ 새순

비목나무 _ 암꽃

비목나무 _ 수꽃

생태적 특성

비목나무는 줄기가 뽀얗다고 하여 뽀얀나무 또는 백목(白木)이라고 부르다가 비목나무로 바뀌었다고 한다. 보얀목, 윤여리나무 등으로도 불리고 홍과산호초(紅果山胡椒), 홍과조장(紅果約樟)이라고도 한다.

낙엽활엽교목으로 키는 15m이다. 수피는 황백색이고 노목의 수피는 작은 조각으로 떨어진다. 작은 가지는 담황갈색으로 껍질눈이 뚜렷하다. 잎은 어긋나고 도피침형 및 도란상의 피침형이다. 잎의 밑부분이 쐐기 모양으로 점점 좁아져 뾰족하게 된다. 암수딴그루로 꽃은 액생하고 산형꽃차례에 달리는데, 타원형의 연한 노란색으로 4~5월에 핀다. 열매는 붉은색의 구형으로 9~10월에 익는다.

비목나무 _ 잎

비목나무 _ 열매

비자나무

학명 *Torreya nucifera* (L.) Siebold & Zucc.

과명 주목과

개화 4~5월

열매 이듬해 9~10월

비자나무 _ 겨울눈

비자나무 _ 암꽃

비자나무 _ 수꽃

산에서 나는 삼나무라고 해서 야삼(野杉), 무늬가 아름다워 문목(文木)으로도 부른다. 속명 Torreya는 19세기 미국의 식물학자 존 토레이(John Torrey)를 기념하여 붙여진 것이며, 종명 nucifera는 '딱딱한 껍질을 가졌다'는 뜻이다.

전라북도 내장산, 전라남도 해안 및 제주도에 분포하는데, 제주도 제주시 구좌읍 평대리 비자림은 수령 500~800년 비자나무가 2,800여 그루나 자라 단일 수준으로는 세계 최대의 비자나무 숲으로 유명하다.

상록침엽교목으로 암수딴그루이다. 잎은 바늘 모양으로 뒷면에 황백색의 공기구멍이 양쪽에 늘어서 있다. 꽃은 4~5월에 핀다. 수꽃은 난형이며 갈색의 포로 싸여 있고 암꽃은 가지 끝에 2~3송이씩 달린다. 열매는 도란형 혹은 타원형으로 이듬해 9~10월에 익고 종자는 타원형이다.

비자나무 _ 잎차례

비자나무 _ 열매

사람주나무

학명 *Sapium japonicum* (Siebold & Zucc.) Pax & Hoffm.

과명 대극과

개화 6월

열매 10월

사람주나무 _ 잎

사람주나무 _ 꽃

생태적 특성

사람주나무는 나무줄기가 사람 피부처럼 매끄럽고 단풍이 들면 홍조 띤 얼굴처럼 잎이 붉어진다. 이와 같은 이유로 사람주나무라는 이름이 붙여졌는데, 나무껍질의 색깔이 흰빛을 띠어 백목(白木)이라고도 하며, 여자의 살갗처럼 매끈거려서 여자나무라고도 부른다. 이 밖에도 쇠동백나무, 귀룽목, 아구사리, 신방나무, 산호자나무라고도 한다.

낙엽활엽소교목으로 키는 6m 정도이고 수피는 녹회백색으로 오래된 줄기는 얇게 갈라지고 밑에서 많은 줄기가 올라와 아름다운 수형을 이룬다. 잎은 어긋나며 타원형 및 도란상 타원형으로 가장자리는 밋밋하고 측맥 끝에 선점이 있다. 잎의 생김새가 감나무와 비슷하지만 잎자루와 잎새가 맞닿는 곳에 2개의 조그만 돌기가 있고 잎자루를 꺾으면 우윳빛의 즙이 나오는 점이 감나무와 다르다. 꽃은 암수한그루로 정생하며 수상 및 총상 꽃차례에 달리는데 윗부분에는 많은 수꽃이 달리며, 아랫부분에는 꽃자루가 있는 몇 송이의 암꽃이 6월에 핀다. 열매는 3개의 열매껍질로 이루어진 둥근 삭과로 10월에 익는다.

사람주나무 _ 열매(미성숙)

사람주나무 _ 열매(성숙)

사스레피나무

학명 *Eurya japonica* Thunb.

과명 차나무과

개화 4월

열매 10~11월

사스레피나무 _ 잎

사스레피나무 _ 암꽃

사스레피나무 _ 수꽃

생태적 특성

제주 방언에서 유래된 이름으로 인목(獜木)이라고도 한다. 무치러기나무, 세푸랑나무, 가새목, 섬사스레피나무라고도 하며, 한자명은 영목(柃木)이다. 이름이 비슷해 사스래나무와 혼동이 되는데, 사스래나무는 자작나무과로 사스레피나무와는 전혀 다른 과의 나무이다.

꽃에서 나는 분뇨 냄새 비슷한 향기로 인해 주변에 화장실이 있는 듯한 착각을 일으키게 한다. 하지만 이 냄새는 꽃가루를 다른 곳으로 옮겨주는 파리를 유혹하기 위한 전략이기도 하다. 한편, 공기를 맑게 해주며 살균 및 피부 진정작용이 있다고 한다.

상록활엽관목으로 키는 3m 정도이고 작은 가지는 녹색으로 털이 없다. 잎은 어긋나며 긴 타원형으로 두껍고 가장자리에 톱니가 있다. 암수딴그루로 꽃은 전년지의 잎겨드랑이에 1~3송이가 달리고 황록색으로 4월에 핀다. 열매는 구형의 장과로 10~11월에 자흑색으로 익는다.

사스레피나무 _ 수피

사스레피나무 _ 열매

사위질빵

학명 *Clematis apiifolia* DC.

과명 미나리아재비과

개화 7~9월

열매 9~10월

사위질빵 _ 어린 줄기

사위질빵 _ 꽃

생태적 특성

질빵풀이라고도 하며, 한자로는 여위(女萎), 백근초(百根草)라고 한다. 영어명은 Aoiifolia virgin's bower로 '처녀의 거처, 처녀의 나무 그늘 쉼터'의 뜻이다. 학명에서 Clematis는 고대 그리스 어로 '작은 가지'란 뜻이며, apiifolia는 '셀러리 비슷한 모양의 잎'이라는 뜻이다.

낙엽활엽 덩굴성 목본으로 줄기의 길이는 3m 이상이다. 줄기에 세로줄이 있으며 3출 겹잎으로 마주나고 짧은 털이 있는데, 작은잎은 좁은 난형으로 가장자리에 결각상 톱니가 있다. 꽃잎은 4개이며 새 가지 끝에 취산꽃차례를 이루며 황백색으로 7~9월에 핀다. 수과는 5~10개가 모여 달리고 좁은 난형으로 흰색 털을 갖는 암술대가 있으며 9~10월에 익는다. 으아리와 비슷한데, 으아리는 잎의 가장자리에 톱니가 없어 밋밋하다.

사위질빵 _ 잎

사위질빵 _ 열매

사철나무

학명 *Euonymus japonicus* Thunb.

과명 노박덩굴과

개화 6~7월

열매 10월

사철나무 _ 꽃봉오리

사철나무 _ 꽃

생태적 특성

사철나무라는 이름은 사시사철 푸른 잎을 달고 있다 하여 붙여진 것이다. 겨우사리나무, 무룬나무, 개동굴나무, 동청목, 넓은잎사철나무, 들축나무, 긴잎사철나무, 무른사철나무, 무른나무, 푸른나무 등으로도 불리며, 한자명은 화두충(和杜沖), 동청위모(冬青衛矛)이다.

상록활엽관목 또는 소교목으로 키는 3m 정도이고 새로난 가지는 녹색이며 털이 없고 많은 가지가 난다. 잎은 마주나고 혁질로 도란형 및 타원형이며 가장자리에 톱니가 있다. 꽃은 액생하는 취산꽃차례에 5~12송이가 달리며 황록색으로 6~7월에 핀다. 열매는 삭과로 둥글고 10월에 홍적색으로 익는다.

사철나무 _ 잎

사철나무 _ 열매

산검양옻나무

학명 *Rhus sylvestris* Siebold & Zucc.

과명 옻나무과

개화 5~6월

열매 10월

산검양옻나무 _ 잎차례

산검양옻나무 _ 꽃

생태적 특성

낙엽소교목으로 키가 8m에 달하며 가지가 굵고, 어릴 때는 잎 뒷면과 꽃차례에 황갈색 털이 촘촘히 난다. 잎은 어긋나며 잎자루와 더불어 길이 20~40cm로서 홀수깃꼴겹잎이다. 작은잎은 7~15개이며 잎자루가 짧고 넓은 피침형 또는 좁고 긴 타원형이고, 너비 2~4cm로서 뒷면 맥 위에 털이 나며 가장자리가 밋밋하다. 원추꽃차례는 액생하고 길이 8~18cm로서 꼬부라지고 퍼진 털이 있다. 꽃은 암수한그루이며 암수딴꽃으로서 5~6월에 피고 황록색이며 5개씩의 꽃받침조각과 꽃잎이 있다. 열매인 핵과는 편구형이고 지름 1cm 정도이며, 광택이 있는 황갈색이고 털이 없으며 10월에 익는다.

산검양옻나무 _ 단풍

산검양옻나무 _ 열매

산딸기

학명 *Rubus crataegifolius* Bunge

과명 장미과

개화 6월

열매 7~8월

산딸기 _ 잎

산딸기 _ 꽃

생태적 특성

우리나라와 일본, 중국, 우수리강 등지에 분포한다. 우리나라 전국 산야 또는 화전지대나 황폐한 곳에 자생하는데 그늘에서는 잘 자라지 못한다. 개방된 곳에서 대군집을 형성하며 자라고 주로 쑥, 닭의장풀, 싸리 등과 함께 나타나는 특징이 있다. 햇빛을 좋아하여 주로 숲 가장자리 쪽에서 자라고 있어 산길을 지나다보면 자주 볼 수 있다.

낙엽활엽관목으로 키는 2m 정도이다. 줄기는 적갈색이며 뿌리에서 싹이 나와 군집을 형성하는 전형적인 관목의 형태로 자란다. 잎은 난형 및 타원형으로 3~5개로 갈라져 있으며 표면에는 털이 없으나 뒷면의 맥 위에는 털이 있다. 잎자루에는 갈퀴 같은 가시가 나 있다. 꽃은 6월에 흰색으로 가지 끝에 복산방꽃차례를 이루며 2~3송이가 모여 달린다. 열매는 구형으로 한여름인 7~8월에 붉은색으로 익는데, 그냥 먹기도 하며 잼이나 파이 등을 만들어 먹기도 한다.

산딸기 _ 잎차례

산딸기 _ 열매

산딸나무

학명 *Cornus kousa* F. Buerger ex Hance

과명 층층나무과

개화 6월

열매 10월

산딸나무 _ 겨울눈

산딸나무 _ 꽃

생태적 특성

산딸나무는 열매가 딸기처럼 붉은색으로 익는다고 하여 붙여진 이름이다. 꽃을 둘러싼 총포의 모양이 십자형인 데다가 예수가 이 나무로 만든 십자가에 못이 박혀 운명하였다고 하여 기독교에서는 성스러운 나무로 취급한다. 들메나무, 박달나무, 쇠박달나무, 미영꽃나무, 준딸나무, 소리딸나무, 애기산딸나무, 굳은산딸나무 등 다른 이름도 많으며, 한자명은 사조화(四照花)이다.

낙엽활엽교목으로 키는 6~10m 정도이고 가지는 층을 이루며 수평으로 퍼진다. 잎은 마주나며 난형 및 타원상의 난형이다. 잎 뒷면은 회녹색으로 복모가 밀생하며 맥 사이에는 갈색 밀모가 나 있고 잎맥은 4~5쌍이다. 6월에 피는 꽃은 지난해 자란 가지 끝에서 두상꽃차례를 이루며, 총포편은 꽃잎처럼 4개가 사방으로 퍼져 달리며 좁은 난형이다. 열매는 취과로 둥글며 10월에 붉은색으로 익는다.

산딸나무 _ 잎

산딸나무 _ 열매

산벚나무

학명 *Prunus sargentii* Rehder

과명 장미과

개화 4~5월

열매 6~8월

산벚나무 _ 잎

산벚나무 _ 꽃

생태적 특성

낙엽활엽교목으로 전국의 높은 산 숲속에서 자라며 키는 20m에 달한다. 줄기 껍질은 짙은 자갈색이며, 옆으로 벗겨지고 껍질눈이 옆으로 길게 나타난다. 잎은 어긋나며 타원형 또는 도란형이고 잎 가장자리는 톱니가 있다. 잎 앞면은 털이 없고, 뒷면은 분백색이며 털이 없다. 잎자루는 털이 없고 적자색으로 위쪽에 1쌍의 붉은색 꿀샘이 있다. 꽃은 4~5월에 흰색 또는 연홍색으로 피며, 2~3송이가 모여 산형꽃차례를 이룬다. 꽃잎은 둥글고 향기가 없다. 꽃자루, 수술대, 암술대, 씨방에 털이 없다. 열매는 핵과로 6~8월에 흑자색으로 익는다.

산벚나무 _ 수피

산벚나무 _ 열매

산철쭉

학명 *Rhododendron yedoense* f. *poukhanense* (H.Lév.) M.Sugim. ex T.Yamaz.

과명 진달래과

개화 4~5월

열매 9월

산철쭉 _ 잎

산철쭉 _ 꽃

생태적 특성

낙엽활엽관목으로 어린 나무의 줄기껍질은 밝은 회색빛 도는 노란 갈색을 띤다. 묵을수록 어두운 회색빛이 도는 갈색이 되며 아주 작은 비늘처럼 잘게 갈라진다. 잎은 길이 3~8cm 정도의 잎이 가지에 마주 달리거나 어긋나게 달린다. 양끝이 뾰족한 좁고 긴 타원형이며 가장자리에 톱니가 없고 표면에 털이 드문드문 있다. 어릴 때는 끈끈한 잔털이 있다가 점차 없어지며 앞면과 뒷면 잎맥, 잎자루에 갈색 잔털이 있다. 꽃은 4~5월에 어린 잎 또는 잎과 함께 가지 끝에 진분홍색으로 핀다. 끈끈한 점액이 있고 끝이 우산살처럼 갈라진 짧은 꽃대에 2~3송이가 모여서 달린다. 열매는 9월에 긴 잔털이 있는 길이 0.8~1cm 정도의 난형의 열매가 갈색으로 익는다.

산철쭉 _ 수피

산철쭉 _ 종자 결실

산초나무

학명 *Zanthoxylum schinifolium* Siebold & Zucc.

과명 운향과

개화 8~9월

열매 9~10월

산초나무 _ 새잎

산초나무 _ 암꽃

산초나무 _ 수꽃

생태적 특성

산초(山椒)라는 말은 산에서 나는 초(椒)라는 의미를 담고 있다. 분지나무, 산추나무, 상초나무, 상초 등으로도 불린다.

낙엽활엽관목으로 3m 정도의 키에 작은 가지는 적갈색이며 수피는 흑회색이다. 잎은 홀수깃꼴겹잎이며 작은잎은 피침형으로 13~21개이다. 줄기와 가시는 서로 어긋나게 달리며 꽃잎과 꽃받침이 구분되어 있다. 초피나무처럼 턱잎이 변한 가시가 밑으로 약간 굽었으며 어긋나게 달린다. 꽃은 8~9월에 암수딴그루로 황록색으로 피며, 열매는 타원형으로 9~10월에 녹갈색에서 적갈색으로 익는다. 씨는 검은빛으로 광택이 난다.

산초나무는 초피나무와 비슷하지만 잎자루 밑부분에 가시가 1개 달리고 열매가 녹색을 띤 갈색이며 꽃잎이 있는 것이 다르다. 또 산초나무 꽃은 여름에 피고, 초피나무 꽃은 봄에 피는 것도 차이점이다.

산초나무 _ 잎차례

산초나무 _ 열매

삼나무

학명 *Cryptomeria japonica* (Thenb. ex. L.f.) D. Don

과명 낙우송과

개화 3~4월

열매 10월

삼나무 _ 암꽃

삼나무 _ 수꽃

생태적 특성

상록침엽교목으로 키는 40m 이상이고 지름이 1~2m이다. 수피는 적갈색이며 세로로 깊게 갈라진다. 잎은 끝이 예리하고 조밀한 피침형인데 약간 굽어 있다. 꽃은 3~4월에 피는데, 수꽃은 짧은 총상꽃차례이며 암꽃은 구형으로 가지 끝에 1송이씩 달린다. 열매 길이는 2~3cm 정도로 적갈색으로 둥글다. 열매조각은 두꺼우며 끝에 뾰족한 돌기가 있다. 열매조각에 씨가 2~6개 들어 있는데, 긴 타원형으로 좁은 날개가 있고 10월에 익는다.

삼나무 _ 잎

삼나무 _ 열매

상동나무

학명 *Sageretia thea* (Osbeck) M. C. Johnst.

과명 갈매나무과

개화 10~11월

열매 이듬해 4~5월

상동나무 _ 잎

상동나무 _ 꽃

생태적 특성

이 나무는 겨울에도 산다고 해서 생동목(生冬木)이라고 하던 것이 생동나무를 거쳐 상동나무가 되었다고 한다.

낙엽활엽 또는 반상록활엽 덩굴성 목본으로 줄기는 길이가 2m 정도이다. 작은 가지에 8개의 모가 난 줄이 있는 것이 큰 특징이며, 갈색의 털이 나는데 끝이 가시로 변하는 것도 독특하다. 어긋나는 잎은 길이가 1~3cm로 작으며 난형으로 끝이 둔하고 밑부분이 둥글다. 잎 가장자리에는 잔톱니가 나 있다. 꽃은 10~11월에 황색으로 가지 끝 또는 그 근처의 잎겨드랑이에서 수상꽃차례를 이루며 달린다. 꽃의 지름은 0.35cm 정도이다. 난형으로 생긴 꽃받침조각은 끝이 뾰족하며 털이 나 있다. 가을에 꽃이 피고 이듬해 늦봄에 열매를 맺는 것은 일반 수종과 정반대이다.

상동나무 _ 수피

상동나무 _ 열매

새덕이

학명 *Neolitsea aciculata* (Blume) Koidz.

과명 녹나무과

개화 3~4월

열매 8월

새덕이 _ 잎

새덕이 _ 꽃

생태적 특성

상록활엽교목으로 키가 10m에 달하고 수피는 회갈색이며 둥글고 작은 껍질눈이 많다. 잎은 어긋나거나 가지 끝에서는 혹은 가지 끝에서는 모여나고 긴 타원형이며 톱니가 없고 길이 5~12cm, 너비 2~4cm이다. 표면은 녹색이며 윤이 나고 뒷면은 흰빛이 돌며 털이 없다. 새로 난 잎은 밑으로 처지며 견모가 있으나 다 자라면 옆으로 퍼지고 털이 없어진다. 잎자루는 길이 0.8~1.5cm이다. 꽃은 암수딴그루이고 꽃자루가 없는 산형꽃차례를 이루며 붉은색으로 3월 중순~4월에 꽃이 핀다. 열매는 타원형으로 흑자색이며 길이 1.2cm 정도이고 8월 말에 익는다.

새덕이 _ 열매(미성숙)

새덕이 _ 열매(성숙)

새비나무

학명 *Callicarpa mollis* Siebold & Zucc.

과명 마편초과

개화 6월

열매 9~10월

새비나무 _ 새잎

새비나무 _ 꽃

생태적 특성

낙엽활엽관목으로 잎은 마주나며 난형 또는 타원형이거나 타원상 피침형이다. 표면에 짧은 털이 있고 뒷면에 별 모양의 털이 빽빽이 나며 가장자리에 예리한 톱니가 있다. 잎자루는 길이 0.5~1cm로 별 모양 털이 난다. 취산꽃차례는 잎겨드랑이에 달리며 별 모양의 털이 난다. 꽃은 연한 보라색이며 꽃부리 길이는 0.4~0.5cm이고, 판통은 꽃받침과 길이가 거의 같고 꽃받침은 4개로 깊게 갈라지고 별 모양의 털 또는 깃 모양의 털이 빽빽이 나며 6월 초에 꽃이 핀다. 열매는 핵과로서 지름 0.5cm로 둥글며 9월 초~10월 말에 보라색으로 익는다. 일년생 가지에 별 모양의 털이 촘촘히 난다.

새비나무 _ 잎

새비나무 _ 열매

새우나무

학명 *Ostrya japonica* Sarg.

과명 자작나무과

개화 7월

열매 8~10월

새우나무 _ 잎

새우나무 _ 암꽃

새우나무 _ 수꽃

생태적 특성

낙엽활엽교목으로 키는 20m, 지름은 70cm이며 수피는 갈색 또는 회갈색이고 얕게 세로로 갈라진다. 가지는 적갈색이며 일년생 가지에 밀모 또는 샘털이 있다. 잎은 어긋나고 난형 또는 타원형이며 깊은 겹톱니가 있다. 잎자루는 길이 0.2~0.8cm로서 털과 샘털이 드문드문 있다. 꽃은 암수한그루로서 7월에 피는데, 수꽃은 대가 없이 전년도 가지 끝에 미상꽃차례로 달리며 길이 3cm 정도이고, 비늘잎 속에 꽃이 들어 있으며 수술은 여러 개이다. 암꽃은 새 가지 끝에서 위를 향해 핀다. 열매이삭은 긴 타원형이고 길이 4~5cm로서 약간 밑으로 처지며, 열매는 긴 난형이고 길이 0.5~0.6cm로 8월 말~10월에 익는다.

새우나무 _ 열매(미성숙)

새우나무 _ 열매(성숙)

생강나무

학명 *Lindera obtusiloba* Blume

과명 녹나무과

개화 3월

열매 9~10월

생강나무 _ 암꽃 꽃봉오리

생강나무 _ 수꽃

생태적 특성

생강나무라는 이름은 잎과 가지에 방향성 정유를 함유하고 있어 자르면 생강 냄새가 난다 하여 붙여졌다. 매화처럼 이른 봄에 피는 꽃이라고 해서 황매목(黃梅木), 향려목(香麗木)이라고도 하며 아귀나무, 동백나무, 아구사리, 개동백나무, 산동백, 동박나무라고 부르기도 한다.

낙엽활엽관목 또는 소교목이나 대개 관목상이며 키는 3~6m 정도이다. 수피는 흑회색이고 일년생 가지는 황록색이다. 잎은 윗부분이 3~5개로 갈라져 산(山) 자 모양이거나 원형에 가까운 난형이다. 꽃은 암수딴그루로 3월에 잎보다 먼저 피며, 열매는 구형으로 녹색에서 황색 또는 홍색으로 변하며 9~10월에 자흑색으로 익는다.

생강나무 _ 잎

생강나무 _ 열매

생달나무

학명 *Cinnamomum yabunikkei* H. Ohba

과명 녹나무과

개화 6월

열매 9~11월

생달나무 _ 꽃봉오리

생달나무 _ 꽃

생태적 특성

상록활엽교목으로 우리나라가 원산으로 주로 남부지방의 섬에 생육하며 일본, 중국 등지에 분포한다. 추위와 건조에 약한 편이지만 공해에는 강하다. 수피는 흑회색으로 미끈하며 고목이 되면 벗겨진다. 잎은 어긋나게 달리지만 마주나는 것처럼 아주 가까이에서 어긋난다. 잎의 모양은 긴 타원형으로 두꺼우며 양끝이 뾰족하다. 6월에 노란색을 띤 연녹색 꽃이 잎겨드랑이에서 나온 긴 꽃대 끝에 달린다. 꽃이 피는 모양은 산형꽃차례처럼 보이지만 취산꽃차례를 이룬다. 핵과의 열매는 타원형으로 생겼으며 9~11월에 자주색을 띤 검은색으로 익는다.

목재는 단단하여 가구재로 사용하고, 나무껍질과 열매는 한약재로 사용된다. 특히 수피에서 계피향이 나 다른 약재와도 잘 어울리므로 수피를 마구 벗겨가는 바람에 수난을 입는 나무들이 많다.

생달나무 _ 잎

생달나무 _ 열매

센달나무

학명 *Machilus japonica* Siebold & Zucc.

과명 녹나무과

개화 5~6월

열매 9월

센달나무 _ 꽃봉오리

센달나무 _ 꽃

생태적 특성

상록활엽교목으로 키가 10m에 달하며 일년생 가지는 회갈색이고 겨울눈과 더불어 털이 없다. 제주도의 해발 600m 이하의 숲속이나 냇가에서 잘 자란다. 잎은 어긋나며 피침형 또는 도피침형으로 길이 8~20cm, 너비 2~4cm이며 좁고 표면은 청록색, 뒷면은 청백색이며 양면에 털이 없고 가장자리에 톱니가 없다. 잎자루는 길이 1~3cm로서 털이 없다. 꽃은 암수한그루로 원추꽃차례에 달리고 연한 황록색이며 5~6월에 꽃이 핀다. 열매는 구형으로 지름 1cm이고 초록빛 검정색으로 이듬해 9월에 익는다.

센달나무 _ 잎

센달나무 _ 열매

소나무

학명 *Pinus densiflora* Siebold & Zucc.

과명 소나무과

개화 5월

열매 이듬해 9~10월

소나무 _ 새순

소나무 _ 암꽃

소나무 _ 수꽃

생태적 특성

소나무는 우리 민족과 떼려야 뗄 수 없다. 아예 태어날 때부터 금줄이라고 해서 왼 새끼줄에 솔가지를 달아 부정을 막았고, 오래 사는 나무라 하여 십장생의 하나로 쳤다. 또 성삼문의 시조에서 보듯 늘 푸른 모습을 간직해 꿋꿋한 절개와 의지를 상징했으며, 사군자의 하나로 많은 서화와 시조의 소재가 되기도 했다.

우리나라 전국의 해발 1,300m 이하에서 자생하는 상록침엽교목으로 키는 30m 이상이고 지름은 1.5m 이상으로 자란다. 나무껍질은 붉고 박편처럼 떨어지는데 오래된 껍질은 흑갈색으로 바뀌어간다. 침엽은 비틀린 모양으로 2개씩 속생하고 엽초는 2년에 걸쳐 떨어진다.

꽃은 5월에 피는데 수꽃은 타원형으로 20~30송이의 황색 꽃이 새 가지에 달리며, 암꽃은 자색을 띠며 난형이다. 열매는 난상의 원뿔형이며 황갈색으로 이듬해 9~10월에 익는다. 열매조각은 70~100개이고 씨는 타원형으로 흑갈색이다.

소나무 _ 열매

소나무 _ 전년도 열매

소사나무

학명 *Carpinus turczaninowii* Hance

과명 자작나무과

개화 5월

열매 10월

소사나무 _ 암꽃

소사나무 _ 수꽃

생태적 특성

서어나무와 비슷한 종이지만 서어나무만큼 크지는 않는다. 서어나무를 한자로 서목(西木)이라고 부르고, 이 나무는 소서목(小西木)이라고 부른다. 쇠사슬나무라고도 한다.

인천 강화도의 마니산에 있는 참성단 소사나무는 수령 150년으로 추정되며 키는 4.8m인데 천연기념물 제502호로 지정되어 있다.

낙엽활엽소교목으로 기는 10m이다. 수피는 암갈색이며 줄기는 구불구불하게 자라고 작은 맹아들이 돌출되어 있다. 잎은 난형으로 겹톱니가 있으며 측맥은 10~12쌍이고 뒷면 맥 위에 털이 많이 나 있다. 수꽃은 작은 가지에서 밑으로 처지고, 암꽃은 대가 있으며 포에 암꽃이 2송이씩 달리고 5월에 핀다. 열매는 난형의 소견과로 10월에 익는다.

소사나무 _ 잎

소사나무 _ 열매

소태나무

학명 *Picrasma quassioides* (D. Don) Benn.

과명 소태나무과

개화 4~5월

열매 8~9월

소태나무 _ 암꽃

소태나무 _ 수꽃

생태적 특성

우리말에 '소태같이 쓰다'는 말이 있다. 이는 맛이 아주 쓸 때 쓰는 말인데, 여기에서 소태는 소의 태를 말한다. 그런데 이 나무의 껍질에 들어 있는 콰신(quassine) 성분이 매우 써서 소태나무라고 한다.

소태나무라는 이름은 고목(苦木)에서 유래된 것이며, 학명 Picrasma 역시 쓴맛을 뜻하는 고대 그리스 어 picrasmon에서 온 말이다. 한자명인 고련(苦楝)이나 영어명 Bitter ash, Bitterwood 역시 쓴맛에서 유래한다.

낙엽활엽소교목으로 키는 10~12m 정도이고 지름이 20cm까지 자란다. 수피는 적갈색이고 황색 껍질눈이 있다. 잎은 어긋나며 홀수깃꼴겹잎으로 작은잎은 9~15개이고 난형 또는 긴 타원형이며 잎 가장자리에 물결 모양의 톱니가 있다. 꽃은 암수딴그루로 4~5월에 황록색으로 핀다. 열매는 난형의 핵과로 8~9월에 진한 자갈색으로 익으며 씨는 흑갈색으로 2~4개가 들어 있다.

소태나무 _ 잎차례

소태나무 _ 열매

송악

학명 *Hedera rhombea* (Miq.) Siebold & Zucc. ex Bean

과명 두릅나무과

개화 9~11월

열매 이듬해 5~7월

송악 _ 잎

송악 _ 꽃

생태적 특성

벽면이나 땅을 덮는 식물을 흔히 지피(地被)식물이라고 부른다. 지피식물은 먼지가 날리지 않게 하고 지열도 방지하는 효과가 있다. 나무로는 드물게 송악이 지피식물인데, 덩굴성 목본이라서 지지대에 따라 다양한 수형을 이룰 수가 있는 식물이기도 하다.

남부지방에서는 소가 뜯어먹는다고 '소밥나무'라고도 한다. 담장나무, 큰잎담장나무 등으로도 불리며, 한자명은 능엽상춘등(菱葉常春藤), 상춘등(常春藤) 등이다.

상록활엽 덩굴성 목본으로 줄기는 길이가 10m 이상 자라고, 뿌리와 가지에서 기근이 나와 다른 물체를 타고 올라가며 작은 가지에 성상 인모가 있다. 잎은 어긋나며 혁질이고 삼각형 또는 난형 및 능형이며 가지의 잎은 3~5개로 얕게 갈라지기도 한다. 꽃은 암수한꽃으로 산형꽃차례 또는 취산꽃차례로 모여 달리고 녹황색으로 9~11월에 피며 작은 꽃자루는 별 모양의 털이 있다. 열매는 둥글며 이듬해 5~7월에 검은색으로 익는다.

송악 _ 줄기와 부착근

송악 _ 열매

수리딸기

학명 *Rubus corchorifolius* L.f.

과명 장미과

개화 2~3월

열매 4~6월

수리딸기 _ 잎

수리딸기 _ 꽃

생태적 특성

낙엽활엽관목으로 뿌리에서 싹이 나와 무리 지어 자라고, 가시가 있으며 일년생 가지에 빽빽하게 털이 난다. 잎은 어긋나고 난형 또는 난상의 피침형이며, 길이가 8~15cm이고 가장자리에 불규칙한 잔톱니가 있으며, 앞면은 맥 위에 털이 있고 뒷면은 부드러운 털이 난다. 잎자루 길이는 1.5~2cm이다. 꽃은 곁가지 끝에 1~2송이씩 달리며 지름 3cm로 흰색이고 아래로 드리워진다. 꽃받침조각은 피침형으로 내외면과 씨방에 흰색 융털이 촘촘히 나며, 2~3월에 꽃이 핀다. 꽃잎은 긴 도란형으로, 꽃받침보다 길다. 열매는 둥글며 노란빛 붉은색이고, 종자는 주름이 있으며 4~6월에 익는다.

수리딸기 _ 수피

수리딸기 _ 열매

수수꽃다리

학명 *Syringa oblata* var. *dilatata* (Nakai) Rehder

과명 물푸레나무과

개화 4~5월

열매 9월

수수꽃다리 _ 꽃봉오리

수수꽃다리 _ 꽃

생태적 특성

나무 이름이 아주 예쁘다. 꽃차례의 모양이 수수 이삭과 비슷하며 수수 꽃이 달리는 나무라 하여 붙여진 이름이다. 꽃봉오리의 모양이 못 머리처럼 생기고 향이 매우 강해 정향(丁香)이라고도 한다. 이 밖에도 개똥나무, 넓은잎정향나무 등으로도 불린다. 라일락처럼 생겨서 라일락이라고도 하나 잎이 라일락보다 더 크고 색이 더 진하며 껍질은 회갈색을 띠고 있다. 그러나 실제로는 라일락과 수수꽃다리를 구별하기가 매우 힘든데, 특히 우리나라 수수꽃다리를 서양인이 가져가 품종 개량한 라일락은 더욱 구분하기 어렵다.

낙엽활엽관목으로 키는 3m 정도이다. 줄기는 많이 갈라지고 작은 가지는 회갈색으로 털이 없다. 잎은 마주나고 넓은 난형 및 난형이다. 꽃은 전년도 가지 끝에 원추꽃차례를 이루며 꽃대에 선상의 놀기가 있고 연한 자주색으로 4~5월에 핀다. 열매는 삭과로 타원형이며 9월에 익는다.

수수꽃다리 _ 잎

수수꽃다리 _ 열매

실거리나무

학명 *Caesalpinia decapetala* (Roth) Alston

과명 콩과

개화 6월

열매 9월

실거리나무 _ 잎차례

실거리나무 _ 꽃

생태적 특성

낙엽활엽 덩굴성 관목으로 줄기는 길이가 6~7m이다. 뿌리에서 싹이 나와 무리 지어 자라고, 가시가 있으며 일년생 가지에 털이 있다. 잎은 어긋나며 2회 깃꼴겹잎이고, 작은잎은 5~10쌍으로 긴 타원형이며 길이 1~2cm로 예리하고 꼬부라진 가시가 난다. 꽃은 6월에 피며 좌우 대칭으로 달리고 노란색이며, 가지 끝에 달리는 총상꽃차례로 길이 20~30cm이며, 꽃받침조각과 꽃잎은 각각 5개로, 뒤쪽 꽃잎에 붉은색 줄이 있으며 수술은 10개이고, 수술대 아랫부분에 털이 있다. 열매인 협과는 긴 타원형이고 딱딱하며 잘 벌어지지 않으며, 종자는 흑갈색으로 도란형이며 6~8개씩 들어 있고 9월에 익는다.

실거리나무 _ 가지에 돋은 가시

실거리나무 _ 종자 결실

아왜나무

학명 *Viburnum odoratissimum* var. *awabuki* (K.Koch) Zabel ex Rümpler

과명 인동과

개화 6~7월

열매 9월

아왜나무 _ 새잎

아왜나무 _ 꽃

생태적 특성

제주도, 경남 등 남부 지방의 섬에서 자라는 상록활엽 소교목으로 키는 10m 정도로 자라며 수피는 회갈색 또는 흑갈색이고 껍질눈이 있다. 일년생 가지는 붉은빛이 돈다. 잎은 마주나고 타원 또는 긴 타원형이며 가장자리에 물결 모양의 톱니가 있거나 없다. 표면은 녹색으로 광택이 있고 뒷면은 연녹색으로 별 모양의 털이 있다. 잎자루는 흔히 붉은빛이 돈다. 가지 끝에서 나오는 원추꽃차례의 꽃은 6~7월에 흰색 또는 연한 홍색으로 피고 꽃부리는 끝이 5갈래로 갈라져 뒤로 젖혀진다. 열매는 타원형 또는 난형의 핵과로 9월에 붉은색으로 익어 쭈글쭈글해지면서 검은색으로 변한다.

아왜나무 _ 잎

아왜나무 _ 열매

영주치자

학명 *Gardneria insularis* Nakai

과명 마전과

개화 7월

열매 10~11월

영주치자 _ 새잎

영주치자 _ 꽃

생태적 특성

상록활엽 덩굴성 목본으로 줄기는 길이가 10m에 달하며, 일년생 가지는 가늘며 녹색이다. 잎은 마주나고 타원형 또는 난형이며 양면에 털이 없고, 표면은 짙은 녹색, 뒷면은 황록색을 띤다. 잎 가장자리는 밋밋하고 잎자루는 길이 1cm 정도로 털이 없다. 꽃은 흰색으로 잎겨드랑이에 1~3송이씩 달리며 길이 1~2cm의 꽃줄기와 더불어 밑으로 처지고 꽃받침은 5개로 갈라지며 열편은 난상의 원형으로 털이 없다. 꽃부리도 5개로 갈라지며 길이 0.7cm 정도로서 털이 없다. 열매는 장과로 타원형이며 길이 1cm 정도이고 붉은색으로 익는다.

영주치자 _ 잎

영주치자 _ 열매

예덕나무

학명 *Mallotus japonicus* (L. f.) Müll. Arg.

과명 대극과

개화 6월

열매 10월

예덕나무 _ 겨울눈

예덕나무 _ 암꽃

예덕나무 _ 수꽃

생태적 특성

예덕나무는 예와 덕을 갖춘 나무라고 해서 예덕나무라고 했다는 설이 있으나 정확한 것은 아니다. 나무 모양이 오동나무를 닮았다 하여 야생 오동나무라는 의미로 야동(野桐) 또는 야오동(野梧桐)이라고도 부른다. 또한 비닥나무, 꽤잎나무, 예닥나무, 시닥나무 등으로도 불린다. 봄에 싹트는 새순이 붉은 빛깔을 하고 있어 일본에서는 적아백(赤芽柏)이라고 부른다. 잎이 크고 넓어서 잎으로 밥이나 떡을 싸 먹는 풍습이 있어 채성엽(採盛葉)이라고도 한다.

낙엽활엽소교목 또는 교목으로 키는 10m 정도이고 수피는 회백색이다. 잎은 어긋나며 난상의 원형 및 긴 난형이고 가장자리는 밋밋하거나 3개로 약간 갈라졌으며 잎자루는 매우 길다. 꽃은 암수딴그루로 정생하는 원추꽃차례에 달리며 꽃차례에 선모가 밀생한다. 수꽃은 모여 달리고 50~80개의 수술이 있으며, 암꽃은 작으며 각 포에 1송이씩 달리고 6월에 핀다. 열매는 삼각상구형의 삭과로 황갈색 선점과 별 모양의 털이 밀생하고 10월에 익는다. 씨는 둥글며 암갈색이다.

예덕나무 _ 잎

예덕나무 _ 열매(미성숙)

예덕나무 _ 열매(성숙)

올벚나무

학명 *Prunus pendula* f. *ascendens* (Makino) Kitam.

과명 장미과

개화 4월

열매 7~9월

올벚나무 _ 잎차례

올벚나무 _ 꽃

생태적 특성

낙엽활엽교목으로 수피는 회갈색이며 광택이 있다. 작은 가지는 회색빛 나는 보라색이고 일년생 가지에는 털이 있다. 잎은 어긋나며 넓은 피침형이다. 길이는 6~10cm이고, 양면 또는 뒷면 맥 위에 털이 있으며, 가장자리에 예리한 톱니 또는 겹톱니가 있고 잎자루에 털이 있다. 꽃은 4월 초~4월 중순 잎보다 먼저 피며 지름이 1.5~1.8cm로 연한 붉은색이고 2~5송이의 꽃이 달린다. 꽃받침통은 밑부분이 넓고 길이 0.5cm로 털이 있고, 꽃잎은 타원상 도란형이고 길이는 1cm이다. 열매는 핵과로 구형이며, 7월 말~9월 말에 검붉은색으로 익는다.

올벚나무 _ 수피

올벚나무 _ 잎

완도호랑가시나무

학명 *Ilex x wandoensis* C.F.Miller & M. Kim

과명 감탕나무과

개화 4~5월

열매 10~11월

완도호랑가시나무 _ 수꽃

완도호랑가시나무 _ 암꽃

생태적 특성

호랑가시나무와 감탕나무의 자연교잡종으로 완도지방에서 처음 발견되었다. 잎의 모양이 2종의 중간 형태를 보이며 완도에 감탕나무와 호랑가시나무가 자라는 중간 부분인 7~8부 능선에서 상록활엽수와 혼생하며 자란다.

상록관목이며 키는 2~5m로 자라고 가지가 무성하게 나온다. 잎은 어긋나며 길이는 4~10cm로 끝은 뾰족하고 아랫부분은 둥글게 좁아진다. 가장자리에 조그마한 가시가 나기도 하며 앞면은 짙은 초록색으로 광택이 나고 뒷면은 황록색이다. 꽃은 암수딴그루로 잎겨드랑이에서 피며 산형꽃차례를 이룬다. 지름은 0.7cm 정도이며 꽃받침열편과 꽃잎은 4개씩이다. 수꽃은 수술이 4개이고 씨방과 암술대는 퇴화되어 있다. 암꽃은 불임성의 헛수술이 4개이고 씨방은 지름이 0.2cm 정도의 난형이며 암술에는 암술대가 없다. 암술머리는 4갈래로 갈라지고 검은색이 된다. 열매는 핵과로 구형이며 빨간색으로 익는다.

완도호랑가시나무 _ 열매

완도호랑가시나무 _ 수피

육박나무

학명 *Actinodaphne lancifolia* (Siebold & Zucc.) Meisn.

과명 녹나무과

개화 7월

열매 이듬해 7~8월

육박나무 _ 암꽃

육박나무 _ 수꽃

생태적 특성

가지에 얼룩덜룩한 무늬가 많이 나 있어 마치 얼룩말을 보는 듯한 나무이다. 육박(六駁)이란 여섯 개 얼룩이라는 뜻인데, 이 나무가 많이 자라는 제주도에서는 해병대 옷처럼 생겼다고 하여 '해병대나무'라는 독특한 별명도 있다.

육박나무는 우리나라 남부지방의 섬에 주로 자라는데 천연기념물 제28호로 지정된 완도 주도 상록수림에는 여러 그루의 육박나무가 구실잣밤나무, 감탕나무, 후박나무, 붉가시나무, 까마귀쪽나무 등과 함께 자라고 있다.

상록활엽교목으로 키는 약 15m, 지름이 40cm가량이다. 그러나 일본이나 중국에는 20m까지도 크는 것이 많이 발견된다. 수피는 연한 검은색을 띤 자주색이며 조각처럼 벗겨진다. 어긋나는 잎은 타원형 혹은 도란상의 피침형으로 길이는 7~10cm이다. 잎의 표면은 짙은 녹색이며 뒷면은 회녹색으로 진털이 밀생한다. 꽃은 암수딴그루로 7월에 잎겨드랑이에 수상꽃차례로 노란색 꽃이 핀다. 장과의 열매는 이듬해 7~8월에 빨갛게 열린다.

육박나무 _ 잎

육박나무 _ 열매

윤노리나무

학명 *Pourthiaea villosa* (Thunb.) Decne.

과명 장미과

개화 5~6월

열매 9~10월

윤노리나무 _ 꽃봉오리

윤노리나무 _ 꽃

생태적 특성

윤노리는 '윷놀이'를 소리 나는 대로 적은 것 같다. 이 나무의 가지로 윷을 만들기에 적합하다는 데서 윷놀이나무가 되었고 다시 윤노리나무로 변했다는 설이 있는데, 확실한 것은 알 수 없다. 더 흥미로운 것은 한자명으로 우비목(牛鼻木)이다. 이는 '소의 코 나무'라는 뜻인데, 소의 코뚜레로 이용된 데에서 비롯된 것이다. 이 나무 말고도 노린재나무 역시 우비목이라고 부른다. 지방에 따라 꼭지윤노리, 꼭지윤노리나무, 참윤여리, 꼭지윤여리, 긴윤노리나무, 꼭지윤여리나무라고도 한다.

낙엽활엽관목으로 키는 5m, 둘레는 10~20cm이다. 줄기는 밑에서 옆으로 자라며 몇 개의 수간이 올라오고 일년생 가지에 흰색 털과 타원형의 껍질눈(껍질눈)이 있다. 잎은 어긋나며 도란형 및 긴 타원형이다. 꽃은 가지 끝에 산방꽃차례를 이루며 흰색 털이 밀생하고 흰빛으로 5~6월에 핀다. 열매는 타원형으로 9~10월에 붉은색으로 익는데 그냥 생으로 먹는다. 열매자루에 흰색 껍질눈이 있는 점이 특색이다.

윤노리나무 _ 잎

윤노리나무 _ 열매

이나무

학명 *Idesia polycarpa* Maxim.

과명 이나무과

개화 5월

열매 10~11월

이나무 _ 겨울눈

이나무 _ 암꽃

이나무 _ 수꽃

생태적 특성

이나무라는 이름은 의자를 뜻하는 한자 의(椅)에서 유래한다. 따라서 의나무라고 해야 맞으나 쉬운 발음으로 변해 이나무가 되었다. 그러나 아직도 북한에서는 의나무라고 부른다. 전체적인 나무 형태와 잎의 모양이 오동나무와 비슷하다 하여 산동자(山桐子)라고도 하며 팥피나무, 위나무, 의동(椅桐)이라고도 한다.

낙엽활엽교목으로 키는 15m 정도이고 가지는 층층나무처럼 층층이 나서 사방으로 퍼지는 수형이며 수피는 황백색이고 껍질눈이 있다. 잎은 어긋나고 심장형으로 5~7개의 장상맥이 있으며 가장자리는 둔한 톱니 모양이다. 암수딴그루로 황록색 꽃이 원추꽃차례에 달리며 꽃받침 잎은 5장으로 흰색이고 꽃잎은 없으며 5월에 핀다. 열매는 구형의 장과로 광택이 나고 10~11월에 붉은색으로 익으며 열매 안에는 약 10개의 씨가 들어 있다.

이나무 _ 잎

이나무 _ 열매

이대

학명 *Pseudosasa japonica* (Siebold & Zucc. ex Steud.) Makino ex Nakai

과명 벼과

개화 4~6월

열매 6~8월

이대 _ 잎

생태적 특성

상록활엽수로 줄기는 지름 0.5~1.5cm이고 중앙 윗부분에서 5~6개의 가지가 나오고, 죽순은 5월에 나온다. 잎은 좁은 피침형이고 털이 없으며 길이 10~30cm, 너비 1~4cm로 끝이 꼬리처럼 길고 가늘고 부드러운 털이 있다. 꽃은 4~6월에 피며 원추꽃차례로 잔털이 있고 자줏빛이 돌며 작은 이삭이 5~10송이의 꽃을 이룬다. 이삭 밑동에 있는 잎은 길이 0.3~0.9cm이며, 첫째 이삭 밑동에서 나온 잎은 길이 1.1~1.5cm로 끝부분에 털이 있고, 둘째 이삭 밑동에서 나온 잎은 등에 홈과 털이 있으며 길이 0.7~0.8cm이다. 열매는 6~8월에 익는다.

이대 _ 수피

인동덩굴

학명 *Lonicera japonica* Thunb.

과명 인동과

개화 6~7월

열매 9~10월

인동덩굴 _ 꽃봉오리

인동덩굴 _ 꽃

생태적 특성

반상록활엽 덩굴성 목본으로 꽃이 특이하게 생겼다. 여름에 흰색으로 피었다가 차차 노란색으로 바뀐다. 그래서 금은화(金銀花)라고도 한다. 이 밖에도 꽃의 수술이 할아버지 수염처럼 보인다고 노옹수(老翁鬚)라고도 하고, 꽃잎 모양이 해오라기 같아 노사등(鷺鷥藤)으로도 부른다. 또 꽃 속에 꿀이 많으니 밀통등(蜜桶藤), 귀신을 다스린다 하여 통령초(通靈草) 혹은 벽귀초라고도 한다.

우리나라에서는 함경북도를 제외한 전역에 분포한다. 줄기는 길이가 3~4m에 이르는데 오른쪽으로 감고 올라가며, 일년생 가지는 적갈색으로 속이 비어 있다. 잎은 마주나고 타원형으로 크기는 길이가 3~8cm, 너비가 1~4cm이다. 잎은 처음에는 잔털이 있지만 나중에 털이 없어지거나 뒷면 일부에 남아 있다. 꽃은 6~7월에 1~2송이씩 잎자루에 달린다. 열매는 9~10월에 검은색으로 익으며, 지름이 0.7~0.8cm로 둥글다.

인동덩굴 _ 잎

인동덩굴 _ 열매

자귀나무

학명 *Albizia julibrissin* Durazz.

과명 콩과

개화 6~7월

열매 9~10월

자귀나무 _ 꽃봉오리

자귀나무 _ 꽃

생태적 특성

자귀나무는 넓게 퍼진 가지 모양 때문에 나무의 모양이 풍성하게 보이고, 특히 꽃이 활짝 피었을 때는 짧은 분홍 실을 마치 부챗살처럼 펼쳐 놓은 듯해 매우 아름답다. 잎은 낮에는 옆으로 퍼지나 밤이나 흐린 날에는 접혀서 포개지며 아침이 되면 떨어지는 수면운동을 한다. 옛사람들은 이런 모습을 금실 좋은 부부 같다고 하여 합환목이라 불렀고, 신혼부부 침실 앞에 심었다 한다.

낙엽활엽소교목으로 키는 3~5m 정도로 자란다. 일년생 가지는 녹갈색이고 능선이 있다. 잎은 짝수 2회 깃꼴겹잎으로 10~30쌍의 작은잎이 있고 작은잎은 원줄기를 향해 굽으며 좌우가 같지 않은 긴 타원형이다. 꽃은 가지 끝에 15~20송이가 산형꽃차례로 달린다. 작은 꽃자루는 없고 화관은 담홍색으로 6~7월에 마치 공작처럼 피어나는데 꽃받침 잎은 녹색이다. 열매는 납작한 모양의 협과로 9~10월에 익으며, 5~6개의 씨가 들어 있는데 이듬해까지 그대로 달려 있다.

자귀나무 _ 잎차례

자귀나무 _ 열매

자금우

학명 *Ardisia japonica* (Thunb.) Blume

과명 자금우과

개화 5~6월

열매 9월~이듬해 2월

자금우 _ 꽃봉오리

자금우 _ 꽃

생태적 특성

지길자(地桔子), 왜각장(矮脚樟), 노물대(老勿大)라고도 한다. 이 나무는 특이하게도 350여 년 전 일본 도쿠가와 막부시대에 투기의 대상이 된 식물이다. 당시에 일본의 최고 권력층은 진기한 식물을 매우 좋아해 많은 이들이 좋은 식물을 찾아 헌상했는데, 자금우(紫金牛)도 귀한 식물로 헌상하여 가격 폭등을 일으켰다고 한다. 상록활엽소관목으로 키는 15~20cm 정도이고 줄기는 옆으로 기면서 자란다. 잎은 마주나거나 돌려나며 타원형 및 난형으로 가장자리에는 잔톱니가 있다. 꽃은 암수한꽃으로 2~3송이가 액생하는 산형꽃차례를 이루며 아래로 처지고 꽃차례에 샘모가 있다. 화관은 5갈래로 갈라지며 열편은 난형으로 흰색이나 흑색 선점이 있고 흰색으로 5~6월에 핀다. 열매는 장과상의 편구형으로 9월에 붉은색으로 익는데 이듬해 꽃이 필 때도 달려 있으며, 새들의 좋은 먹이가 되어 멀리 번식한다.

자금우 _ 잎

자금우 _ 열매

장구밤나무

학명 *Grewia parviflora* Bunge

과명 피나무과

개화 6~8월

열매 9~10월

장구밤나무 _ 잎

장구밤나무 _ 꽃

생태적 특성

열매 허리가 잘록하고 양쪽이 볼록해 꼭 장구처럼 생겨서 장구밤나무라고 한다. 장구밥나무라고도 하며, 잘먹기나무라는 희한한 이름도 있다. 우리나라와 중국, 타이완 등지에 분포한다. 우리나라에서는 중부 이남의 해안 및 해발 100~700m 이하의 산기슭 양지바른 곳에 자란다. 햇빛을 좋아하고 추위와 바닷물에 잘 견디어 섬지방과 바닷가에서 잘 자라며 맹아력도 강하고 공해에도 잘 견딘다.

낙엽활엽관목으로 키는 2m 정도이고 수피는 황갈색이며 별 모양의 털이 덮여 있다. 잎은 어긋나며 난형으로 3개의 큰 맥이 발달하고 가장자리에는 불규칙한 겹톱니가 있다. 잎의 양면에 별 모양의 털이 밀생한다. 꽃은 암수한꽃으로 취산꽃차례에 5~8송이씩 달리며 6~8월에 연한 황색으로 핀다. 열매는 핵과로 장구통 같은 구형이며 9~10월에 황색 또는 황적색으로 익는다.

장구밤나무 _ 잎차례

장구밤나무 _ 열매

장딸기

학명 *Rubus hirsutus* Thunb.

과명 장미과

개화 5~6월

열매 7~8월

장딸기 _ 잎

장딸기 _ 꽃

생태적 특성

장딸기는 장미과의 소관목으로, 우리나라와 일본, 중국 남부에 분포한다. 제주도와 완도, 거제도 등 남부 섬 지방의 산지에서 잘 자란다.

줄기는 가늘고 가시와 부드러운 털이 있어 풀같이 보이기도 하지만 낙엽이 지는 반관목 식물이다. 키가 20~60cm로 작은 편이며, 땅속줄기가 옆으로 길게 뻗으면서 군데군데에서 새순이 나와 번식한다. 잎은 어긋나고 작은 잎 여러 장이 잎자루 양쪽으로 나란히 줄지어 붙어 새의 깃처럼 보인다. 작은 잎은 3~5개로 난형이며 창처럼 끝이 뾰족하고 가장자리에 겹톱니가 있고 양면에는 털이 빽빽이 난다. 꽃은 지름 3~4cm로 큰 편이며 5~6월에 묵은 가지 옆에서 나오는 짧은 가지 끝에 흰색으로 1송이씩 달린다. 꽃받침 조각은 5개이고 양면에 털이 빽빽이 난다. 꽃잎은 5개이고 꽃받침 길이와 비슷하며 수평으로 퍼진다. 열매는 둥글고 7~8월에 붉게 익는다.

장딸기 _ 시드는 모습

장딸기 _ 열매

조릿대

학명 *Sasa borealis* (Hack.) Makino

과명 벼과

개화 4월

열매 5~6월

조릿대 _ 잎

조릿대 _ 꽃

생태적 특성

조릿대라는 이름은 쌀을 이는 데에 쓰는 주방기구 조리를 만드는 대나무에서 유래한다. 학명에서 Sasa는 일본어 '세(笹)'에서 따온 것이며, borealis는 '북쪽의, 북방의'라는 뜻이다. 지죽(地竹), 산죽(山竹)이라고도 하며 갓대, 산대, 신우대, 섬대, 기주조릿대, 조리대 등 여러 가지 별칭이 있다.

상록활엽성 목본으로 조릿대의 땅위줄기는 수년간 마르지 않으며 줄기는 굵어지지 않는 특징이 있다. 포는 2~3년간 줄기를 둘러싸고 있으며 털과 더불어 끝에 피침형의 잎몸이 있다. 잎은 긴 타원상의 피침형이고, 가장자리에는 가시 같은 잔톱니와 털이 있는데 댓잎보다 비교적 크고 넓다.

꽃은 수십 년에서 수백 년 만에 피기 때문에 보기가 매우 어렵다. 또 다른 대나무들처럼 꽃을 피운 다음에는 죽는다. 꽃은 2~5개씩으로 된 조그만 이삭이 총상꽃차례를 이루며 꽃차례는 털과 백분으로 덮여 있다. 기부에는 자주색 포기 2개 있다. 열매는 영과(穎果)로 5~6월에 익는데 보통 5년 만에 열매를 맺은 후 고사한다.

조릿대 _ 수피

조릿대 _ 열매

졸참나무

학명 *Quercus serrata* Murray

과명 참나무과

개화 5월

열매 9~10월

졸참나무 _ 수피

졸참나무 _ 암꽃

졸참나무 _ 수꽃

생태적 특성

참나무과의 나무 중 도토리가 열리는 나무로 '졸'이라는 이름은 열매와 각두가 작다는 것에서 유래한다. 잎도 참나무류 중에는 가장 작다. 작은 상수리나무라 하여 한자로는 소상수(小橡樹)라고 부르며 굴밤나무, 가둑나무, 갈졸참나무, 재잘나무 등으로도 불린다.

낙엽활엽교목으로 키는 25m이고 지름이 1m이다. 줄기는 하나로 곧게 자라고 수피는 회백색이며 세로로 골이 패 있다. 잎은 타원상의 도란형이며 가장자리에는 다소 조밀한 치아상 톱니가 있다. 잎 뒷면에는 단모와 별 모양의 털이 있고 잎맥은 7~12쌍이나. 수꽃은 새 가지 밑부분에서 아래로 처지고, 암꽃은 위로 곧게 서며 5월에 핀다. 각두는 견과를 1/3 미만을 감싸며 견과는 타원형으로 9~10월에 익는다.

졸참나무 _ 잎

졸참나무 _ 열매

좀깨잎나무

학명 *Boehmeria spicata* (Thunb.) Thunb.

과명 쐐기풀과

개화 7~8월

열매 9~10월

좀깨잎나무 _ 암꽃

좀깨잎나무 _ 수꽃

생태적 특성

좀깨잎나무는 쐐기풀과로 과명이 풀로 되어 있을 뿐만 아니라, 깨잎이라는 이름 때문에 풀로 오해할 소지가 많은 나무이다. '좀'이라는 말은 작다는 뜻이며, 잎이 들깻잎과 비슷하고 반관목 상태로 자라는 데서 이름이 유래되었다. 북한에서는 새끼거북꼬리라고 부르며, 신진, 좀깨잎풀, 점거북꼬리라고도 한다.

낙엽활엽반관목으로 키는 50~100cm 정도이다. 줄기는 월동하면서 상부가 말라 죽으며 잎은 마주나고 마름모꼴의 난형이며 잎끝은 꼬리처럼 뾰족하고 거친 톱니가 있다. 꽃은 늦은 여름인 7~8월에 핀다. 액생하는 길고 가느다란 꽃줄기에 꽃대 없는 작은 꽃들이 촘촘히 달려 수상꽃차례를 이룬다. 열매는 껍질이 얇은데, 말라서 목질이나 혁질이 되고, 속에 한 개의 씨가 붙어 있으므로 전체가 씨앗처럼 보이는 수과로 긴 난형이며 여러 개 모여 달린다. 긴 암술대가 잔존하고 9~10월에 익는다.

좀깨잎나무 _ 잎

좀깨잎나무 _ 열매

종가시나무

학명 *Quercus glauca* Thunb.

과명 참나무과

개화 4~5월

열매 10~11월

종가시나무 _ 잎

종가시나무 _ 암꽃

종가시나무 _ 수꽃

생태적 특성

열매가 종을 닮아 종가시나무라고 하며 사계절 내내 푸르다고 해서 사계청(四季靑)으로도 불린다. 제주도에는 가시나무, 가시낭, 버레낭, 속소리라는 토속 이름도 있다. 가시나무를 한자로는 가서목(哥舒木)이라고 한다. 여기에서 '서'는 펼쳐진다는 뜻이므로 이 나무의 특성을 의미한다. 가시나무에 가시가 없는 것이 많으니 바로 이 가서라는 말에서 가시가 온 것이 아닌가 하는 생각이다.

상록활엽교목으로 키는 15m에 달한다. 수피는 녹색이 나는 회색이다. 어긋나는 잎은 도란형이거나 넓은 타원형이다. 잎의 표면은 윤기가 나며 윗부분에는 톱니가 몇 개 난다. 처음에는 잎이 갈색 털로 덮이나 곧 사라진다. 암수한그루로 4~5월에 꽃이 피는데, 암꽃은 새 가지의 가운데 잎겨드랑이에서 위로 곧게 선다. 이에 비해 수꽃은 다른 가시나무류처럼 밑으로 처진다. 열매는 타원형 또는 난형의 견과이며 크기는 1.5~2cm이고 10~11월에 익는다.

종가시나무 _ 수피

종가시나무 _ 열매

줄사철나무

학명 *Euonymus fortunei* var. *radicans* (Siebold & Miq.) Rehder

과명 노박덩굴과

개화 5~6월

열매 10월

줄사철나무 _ 꽃

줄사철나무 _ 열매

생태적 특성

상록활엽 덩굴성 목본으로 산기슭의 숲속에 자라며 줄기에서 뿌리가 나와서 다른 나무와 바위에 붙어 자란다. 일년생 가지는 녹색이며 약간 모가 지고 뚜렷하지 않은 돌기가 있다. 잎은 마주나고 두꺼우며 타원형 또는 난형으로 가장자리에 얕고 둔한 톱니가 있다. 꽃은 암수한꽃으로 잎겨드랑이에 15송이 정도가 취산꽃차례로 달리는데, 지름은 0.6~0.7cm이며 5~6월에 연녹색으로 핀다. 꽃대 길이는 0.2~0.4cm이고 꽃받침조각과 꽃잎 및 수술은 각각 4개이다. 열매는 삭과로 둔한 사각상의 편구형으로 연한 홍색이며 종자는 황적색 종의로 싸여 있고 10월에 익는다.

줄사철나무 _ 잎

진달래

학명 *Rhododendron mucronulatum* Turcz.

과명 진달래과

개화 3~4월

열매 11월

진달래 _ 꽃봉오리

진달래 _ 꽃

생태적 특성

봄이면 산을 분홍빛으로 물들이는 진달래는 국화인 무궁화 못지않게 우리 민족의 꽃이라고 할 만하다. 영어명도 Korean rosebay라 한다. 달래보다 더 진하다 하여 진달래라고 했다고도 하는데, 꽃을 먹을 수가 있어 참꽃이라고도 하고 진달내, 진달래나무, 참꽃나무, 두견화(杜鵑花)라고도 한다. 두견화라는 이름은 옛날 촉나라 임금 우두가 억울하게 죽어 그 넋이 두견새가 되었고, 두견새가 울면서 토한 피가 두견화로 변했다는 데에서 유래한다.

낙엽활엽관목으로 키는 2~3m 정도이다. 잎은 어긋나며 긴 타원상이고 톱니가 없으며, 표면에 비늘이 약간 있고 뒷면에 비늘이 밀생한다. 꽃은 암수한꽃으로 잎겨드랑이에 1송이씩 또는 2~5송이가 모여 달리며 화관은 깔때기 모양으로 연한 홍색이다. 꽃은 3~4월에 잎보다 먼저 핀다. 열매는 삭과의 원통형으로 11월에 익는다.

진달래 _ 잎

진달래 _ 열매

진달래 _ 꼬투리

참가시나무

학명 *Quercus salicina* Blume

과명 참나무과

개화 5월

열매 이듬해 10~11월

참가시나무 _ 암꽃

참가시나무 _ 수꽃

생태적 특성

참가시나무는 가시나무 중에서도 진짜 가시나무라는 뜻인데, 가시나무는 흔히 숲의 왕이라는 말이 있듯 모양이 웅장하면서도 단정하다. 그래서 유럽에서는 이 나무에 신령스러운 영혼이 깃든다고 믿어왔고, 고대 그리스에서도 정직과 예의, 진리의 상징으로 여겨졌다.

상록활엽교목으로 주로 섬이나 바닷가의 산기슭에 자란다. 키는 약 10m이며 수피는 잿빛을 띤 검은색이고 흰색의 둥근 껍질눈이 존재한다. 일년생 가지에 털이 나나 차츰 사라진다. 어긋나는 잎은 피침형이거나 긴 타원형이며 끝이 뾰족하다. 길이는 10~14cm이며 윗부분의 가장자리에 뾰족한 톱니가 나 있고, 뒷면은 흰색을 띤다. 암수한그루로 5월에 꽃이 피는데, 암꽃은 잎겨드랑이에 3~4송이가 피며, 수꽃은 어린 가지 밑부분에서 밑으로 처지게 핀다. 이듬해 10~11월에 맺는 열매는 타원형 또는 넓은 타원형으로 견과이며, 그 끝에는 잔털이 달린다.

참가시나무 _ 새잎

참가시나무 _ 열매

참느릅나무

학명 *Ulmus parvifolia* Jacq.

과명 느릅나무과

개화 9월

열매 9~11월

참느릅나무 _ 잎차례

참느릅나무 _ 꽃

생태적 특성

이름에 '참' 자가 붙은 것은 느릅나무류에서도 가장 뛰어난 나무라는 뜻이다. 한자로는 춘유(春楡) 또는 가유(家楡)라고 한다.

낙엽활엽교목으로 키는 10m이고 지름이 70cm이다. 줄기는 곧게 자라며 일년생 가지에는 털이 있고 수피는 회갈색으로 두꺼우며 잘게 갈라진다. 잎은 타원형 또는 도란상의 피침형으로 누룸하고 좌우가 같지 않으며 짧은 톱니가 있다. 양면 모두 털이 없고 표면에 광택이 있으며 측맥은 10~20쌍이다. 꽃은 9월에 피고, 열매는 9~11월에 담갈색으로 익으며 타원형으로 날개가 중앙에 달려 있다.

참느릅나무 _ 열매(미성숙)

참느릅나무 _ 열매(성숙)

참빗살나무

학명 *Euonymus hamiltonianus* Wall.

과명 노박덩굴과

개화 5월

열매 10~11월

참빗살나무 _ 잎

참빗살나무 _ 꽃

생태적 특성

참빗살나무는 참빗을 만드는 나무라 하여 붙여진 이름으로 물뿌리나무, 화살나무, 화살촉나무라고도 하며, 한자명은 도엽위모(桃葉衛矛), 금은유(金銀柳)이다. 어청도(전북 군산시 옥도면에 있는 섬)에서는 화살나무를 참빗살나무라고 한다. 화살나무와 비슷하게 생겼는데 가지에 날개가 없고 줄기가 매끄럽다. 일본에서는 진궁(眞弓)이라 부르는데 옛날에 이 나무로 활을 만들었던 데에서 유래된 이름이다.

낙엽활엽소교목으로 키는 8m 정도이고 가지가 둥글다. 잎은 마주나고 피침상의 타원형이며 고르지 않은 둔한 잔톱니가 있고 양면에 털이 없다. 암수딴그루로 꽃은 전년도 가지에서 액생하는 취산꽃차례에 3~12송이가 달리고 연녹색으로 5월에 핀다. 열매는 삭과이며 도삼각상 심장형으로 4개의 능선이 있고, 10~11월에 붉은색으로 익으면 열매껍질이 4갈래로 갈라지면서 주황색 종자가 나온다.

참빗살나무 _ 열매(미성숙)

참빗살나무 _ 열매(성숙)

참식나무

학명 *Neolitsea sericea* (Blume) Koidz.

과명 녹나무과

개화 9~11월

열매 이듬해 10월

참식나무 _ 새잎

참식나무 _ 암꽃

참식나무 _ 수꽃

생태적 특성

식나무라고도 부르며, 제주도에서는 심낭, 신낭 등으로 부른다. 한자명은 오과남(五瓜楠)이다.

난대성 상록활엽교목으로 해발 100~400m에서 많이 자라고 제주도에서는 해발 1,100m의 숲속에 자생한다. 키는 10m이고 지름이 40cm이다. 수피는 암회색이고 평활하며 일년생 가지는 녹색으로 갈색 털이 있다가 점차 없어진다. 잎은 어긋나고 혁질이며 타원형 및 피침상의 타원형이다. 어린잎에는 황갈색 털이 많이 나있으며 가장자리는 밋밋하다. 꽃은 암수딴그루이며 액생하고 산형꽃차례에 모여나며 황백색으로 9~11월에 핀다. 열매는 적색의 구형으로 이듬해 10월에 익는데 광택이 나며 향기로워 향수의 재료로 쓰이며 기름을 추출하여 이용한다.

참식나무 _ 잎

참식나무 _ 열매

참회나무

학명 *Euonymus oxyphyllus* Miq.

과명 노박덩굴과

개화 5월

열매 9~10월

참회나무 _ 잎

참회나무 _ 꽃

생태적 특성

낙엽활엽관목 또는 소교목으로 산 중턱이나 산골짜기에서 자란다. 잎은 마주나며 난형 또는 도란형이고 길이 3~8cm로, 양면에 털이 거의 없으며 안으로 굽은 톱니의 끝이 뾰족하다. 꽃은 취산꽃차례로 꽃대가 길며 잎겨드랑이에 달리고, 꽃은 5월에 피며 중앙부에 1개의 암술이 있다. 열매는 삭과로 밑으로 처지고 둥글며 지름 1cm로 마르면 5개의 보서리가 약간 나타나고, 9월 중순~10월 중순에 붉은색으로 익는다. 가지에는 털이 없으며 겨울눈은 길이 0.5~0.6cm이다.

참회나무 _ 수피

참회나무 _ 열매

청미래덩굴

학명 *Smilax china* L.

과명 백합과

개화 5월

열매 9~10월

청미래덩굴 _ 암꽃

청미래덩굴 _ 수꽃

생태적 특성

청미래덩굴의 뿌리를 토복령(土茯苓) 또는 금강두(金剛兜)라고도 하는데, 토복령은 땅에 있는 복령이라는 뜻으로 혹같이 생긴 덩이뿌리가 있어서 붙여진 명칭이다. 덩이뿌리에는 녹말 성분이 많아 옛날 춘궁기에 곡식과 섞어 밥을 지어 먹었다. 나라가 망한 뒤 산으로 들어간 선비들이 뿌리를 캐어 먹기도 한 토복령은 신선이 남긴 음식이라 하여 선유량(仙遺糧)이라고도 하고, 넉넉한 요깃거리가 된다고 하여 우여량(禹餘糧)이라고도 한다.

낙엽활엽 덩굴성 목본이고 줄기는 마디에서 굽어 자라며 길이가 3m에 이르고 갈고리 같은 가시가 있어 다른 나무를 기어올라 덤불을 이룬다. 잎은 두꺼우며 광택이 나고 넓은 타원형이다. 꽃은 암수딴그루로 액생하는 산형꽃차례에 달리며 5월에 황록색으로 핀다. 열매는 둥글고 붉은색으로 한곳에 5~10개씩 9~10월에 익으며 종자는 황갈색이다.

청미래덩굴 _ 잎차례

청미래덩굴 _ 열매

초피나무

학명 *Zanthoxylum piperitum* (L.) DC.

과명 운향과

개화 5~6월

열매 9~10월

초피나무 _ 암꽃

초피나무 _ 수꽃

생태적 특성

초피나무는 산초나무와 같은 과(科) 식물로 서로 비슷해 구분하기가 쉽지 않다. 그러나 산초나무는 여름인 6~8월에 꽃이 피는 반면, 초피나무는 봄인 5~6월에 핀다. 또 산초나무는 가시가 서로 어긋나게 달리나, 초피나무는 가시가 두 개씩 마주나게 달린다. 한 가지 더 따져보면 산초나무 잎의 톱니는 작은 톱니 모양이지만, 초피나무는 잎 가장자리에 물결 모양의 톱니가 있고 샘점이 있어 특유의 냄새를 풍기는 점이 다르다. 그리고 보통 산초나무는 초피나무의 대목으로 사용된다.

우리나라 남부지방과 중부 해안지대의 따뜻한 곳에서 잘 자라는데 추위에 약하고 스트레스에 민감한 편이다. 전피, 제피나무(경남), 상초나무, 산초나무(어청도), 좀피나무, 조피나무라고도 부른다.

낙엽활엽관목으로 키는 3m 정도이다. 턱잎이 변한 가시는 밑으로 약간 굽었으며 마주보고 달린다. 잎은 9~10개의 작은잎으로 된 홀수깃꼴겹잎이고, 작은잎은 난상의 타원형이며 가장자리에 4~7개의 물결 모양 톱니가 있고 잎줄기에 가시가 있다. 꽃은 암수딴그루로 연한 황록색의 꽃이 5~6월에 핀다. 열매는 적갈색으로 9~10월에 익는다.

초피나무 _ 잎과 가시

초피나무 _ 열매

층꽃나무

학명 *Caryopteris incana* (Thunb. ex Houtt) Miq.

과명 마편초과

개화 7~9월

열매 9~11월

층꽃나무 _ 수피

층꽃나무 _ 꽃(보라색)

층꽃나무 _ 꽃(흰색)

생태적 특성

낙엽활엽관목으로 키는 30~60cm이다. 꽃이 가지 윗부분 잎겨드랑이에서 취산꽃차례로 층층이 달려 층꽃나무라고 한다. 줄기가 무더기로 나오며, 일년생 가지에는 흰빛이 도는 털이 많다. 잎은 마주나고 난형이며 끝이 뾰족하다. 잎은 길이 2.5~8cm, 너비 1.5~3cm로 표면은 짙은 녹색 털이 있고 뒷면은 회백색으로 촘촘히 털이 있다. 또 잎 가장자리에는 5~10개씩의 톱니가 있다. 꽃은 7~9월에 보라색으로 피지만 분홍색이나 흰빛을 띠기도 한다. 꽃부리는 길이 0.5~0.6cm로 겉에 털이 있고 잎겨드랑이에 돌아가며 층층이 핀다. 열매는 9~11월경에 갈색으로 익으며 검게 익은 씨앗이 들어 있다. 씨앗에는 날개가 있다.

층꽃나무 _ 잎

층꽃나무 _ 열매

칡

학명 *Pueraria lobata* (Willd.) Ohwi

과명 콩과

개화 8월

열매 9~10월

칡 _ 꽃봉오리

칡 _ 꽃

생태적 특성

칡은 한자로 갈(葛)로 표기하는데, 줄기가 워낙 질겨 '질기'라고 부르다가 오랜 세월이 흐르면서 지금처럼 칡이 되었다. 칙, 칙덤불, 칡덤불 등으로도 부른다. 그런데 갈 자는 풀 초(艸) 변을 써서 나무가 아니라 풀로 오인하기도 한다. 실제로 칡을 보면 덩굴이 우거져 과연 나무인지 알기 어렵지만 엄연히 나무이다. 특히 줄기가 겨울에 죽지 않고 살아남아 매년 굵어져 나무로 분류된다.

낙엽활엽 덩굴성 목본으로 줄기는 길이가 10m 이상 자라고 흑갈색으로 털이 나 있다. 잎은 3출 겹잎이고 작은잎은 능형 및 난형으로 양면에 털이 있고 가장자리는 밋밋하거나 얕게 3갈래로 갈라지며 잎자루에는 털이 나 있다. 꽃은 액생으로 총상꽃차례에 달리며 홍자색으로 8월에 핀다. 기판은 홍색이고 중앙이 황색으로 피며 익판은 적자색이다. 열매는 넓은 선형으로 갈색의 거친 털로 덮여 있으며 9~10월에 익는데 종자도 갈색이다.

칡 _ 잎

칡 _ 열매

팥배나무

학명 *Sorbus alnifolia* (Siebold & Zucc.) C. Koch

과명 장미과

개화 5~6월

열매 9~10월

팥배나무 _ 잎

팥배나무 _ 꽃

생태적 특성

열매가 팥같이 작은 배처럼 생긴 데에서 유래한다. 실제 꽃도 배꽃처럼 희게 핀다. 작기는 하지만 꿀이 많이 들어 있어 좋은 밀원식물이기도 하다. 지방에 따라 다른 이름이 많은데 산매자나무(강원도), 물앵두나무, 운향나무(전남), 벌배나무, 물방치나무(황해도), 팟배나무, 팟배, 왕잎팥배, 긴팟배, 참팥배나무, 둥근잎팥배나무, 달피팥배나무, 왕잎팥배나무 등으로도 불린다. 한자명은 두(杜), 당(棠)이다. 여기에서 두(杜)는 나무와 흙을 합친 글자로 나무와 흙으로 둑을 막는다는 뜻이다.

낙엽활엽교목으로 키는 15m 정도이고 일년생 가지에 껍질눈이 뚜렷하다. 잎은 어긋나며 난형으로 표면과 뒷면 맥 위에 털이 나 있으나 점차 사라진다. 꽃은 6~10송이가 정생하는 복산방꽃차례에 달리고 5~6월에 흰색으로 핀다. 열매는 타원형의 이과(梨果)로 달리며 반섬이 뚜렷하고 9~10월에 붉은색으로 익는다.

팥배나무 _ 열매(미성숙)

팥배나무 _ 열매(성숙)

팽나무

학명 *Celtis sinensis* Pers.

과명 느릅나무과

개화 5월

열매 10월

팽나무 _ 암꽃

팽나무 _ 수꽃

생태적 특성

팽나무는 지방에 따라 폭나무, 평나무, 달주나무, 게팽나무, 매태나무, 섬팽나무, 자주팽나무 등으로 불린다.

굵은 팥알만 한 열매는 익으면 맛이 달콤해 먹을 수 있다. 기름을 짜서 먹기도 하고 어린잎은 나물로 해 먹는다. 덜 익은 것은 장난감 팽총의 탄알로 쓴다.

낙엽활엽교목으로 키는 20m 정도이고 지름이 1m이다. 줄기는 곧게 자라며 가지가 넓게 퍼지고 수피는 흑갈색이며 일년생 가지에는 잔털이 많이 나있다. 잎은 2줄로 어긋나고 긴 타원형으로 상반부에 둔한 톱니가 있고 3출맥이다. 꽃은 암수한그루로 액생하며 5월에 핀다. 열매는 원형의 핵과로 10월에 적갈색으로 익는다.

팽나무 _ 잎

팽나무 _ 열매

편백

학명 *Chamaecyparis obtusa* (Siebold & Zucc.) Endl.

과명 측백나무과

개화 4월

열매 9~10월

편백 _ 암꽃

편백 _ 수꽃

생태적 특성

우리나라에 도입된 것은 1904년으로 전남, 제주도 및 경남 남해안지방에 조림하였다. 잎이 치밀하게 나 있고 질감이 좋아 정원수, 관상수 등으로 심으며, 맹아력이 좋아 산 울타리용으로도 심고 제주도에서는 방풍림으로 심는다. 습기가 있고 비옥한 사질양토에서 잘 자라며 추위와 공해에도 강하다.

상록침엽교목으로 키는 40m 정도이고 지름이 2m 정도이다. 수피는 적갈색으로 얇게 조각으로 떨어지고 수형은 원뿔형이다. 잎은 난상 마름모꼴로 두껍고 끝이 둔하며, 뒷면에는 Y자형의 백색 기공선이 있다. 꽃은 4월에 핀다. 열매는 1~1.2cm 지름의 구형으로 갈색이며 열매조각은 8개로 정사각형이다. 종자는 길이가 0.3cm이며 2개씩 긴 삼각형으로 좁은 날개가 있고 9~10월에 익는다.

편백 _ 잎차례

편백 _ 열매

폭나무

학명 *Celtis biondii* Pamp.

과명 느릅나무과

개화 5월

열매 10월

폭나무 _ 새잎

폭나무 _ 잎차례

생태적 특성

낙엽활엽소교목으로 수피는 회색이고 일년생 가지는 적갈색이며 잔털이 촘촘히 나고 겨울눈은 편평하며 긴 타원형이다. 잎은 어긋나고 도란형 또는 넓은 도란형으로 길이 3~7cm, 너비 2~3.5cm이며 윗부분이 갑자기 좁아져서 꼬리처럼 길어지고 밑은 둥글며 윗부분에 깊은 톱니가 있거나 결각이 있다. 양면에 털이 있으며 잎의 뒷면은 회백색이다. 꽃은 암수한그루로서 5월에 피며 수꽃은 새 가지의 기부에서 액생하고 암술은 퇴화되어 털만 있다. 꽃자루는 길이 0.5~1.2cm이다. 열매는 핵과로 구형이며 열매자루는 갈색 털이 많고 10월에 검게 익는다.

폭나무 _ 열매

합다리나무

학명 *Meliosma oldhamii* Maxim.

과명 나도밤나무과

개화 6월

열매 9~10월

합다리나무 _ 새잎

합다리나무 _ 꽃

생태적 특성

마치 학의 두 다리를 합친 듯 보여 붙여진 이름이다. 제주도에서는 학을 합이라고 부르는데, 이 나무의 줄기가 학의 다리 같다고 하여 합다리라고 불렀을 것으로 생각된다. 합대나무 또는 합순남, 박다리꽃이라고도 부르며, 나도밤나무와 전체적인 모양이 비슷해 일부 지방에서는 나도밤나무로 부르기도 한다.

낙엽활엽교목으로 키는 10m 정도에 이른다. 가지가 굵으며 일년생 나무에는 황갈색의 털이 나는 것이 특징이다. 어긋나는 잎은 홀수깃꼴겹잎이고, 난상의 타원형인 9~15개의 작은잎으로 되어 있다. 작은잎에는 양면에 털이 나고 가장자리에 자그마한 톱니들이 드문드문 난다. 6월에 자잘한 흰색 꽃이 원추꽃차례로 가지 끝에 달린다. 꽃잎은 3장이고 4개의 꽃받침조각이 있으며, 2개의 수술 이외에 3개의 헛수술이 있다. 핵과의 열매는 9~10월에 붉은색으로 동그랗게 열린다.

합다리나무 _ 잎

합다리나무 _ 열매

헛개나무

학명 *Hovenia dulcis* Thunb.

과명 갈매나무과

개화 7월

열매 10월

헛개나무 _ 잎차례

헛개나무 _ 꽃

생태적 특성

헛개나무는 강원도 방언에서 유래된 이름으로 지구자나무라고도 한다. 호개나무, 호리깨나무, 볼게나무, 고려호리깨나무, 민헛개나무 등으로도 불리며, 한자명은 금조리(金釣梨)이다.

우리나라와 중국, 일본 등지에 분포한다. 우리나라에서는 중부 이남의 해발 50~800m의 산기슭이나 골짜기에 자생한다. 음지나 양지를 가리지 않고 잘 자라나 건조지에서는 잘 자라지 못한다. 내조성이 강하고 맹아력과 공해에도 강하여 도심지나 바닷가에서도 잘 자란다.

낙엽활엽교목으로 키는 10m 정도이고 작은 가지는 흑자색이다. 잎은 어긋나고 난원형 및 타원형이며 가장자리에는 둔한 톱니가 있다. 꽃은 암수한꽃으로 가지 끝 부근에서 액생 또는 정생하는 취산꽃차례에 달리며 백록색으로 7월에 핀다. 열매는 장과상의 핵과로 둥글고 갈색이 돌며 10월에 흑색으로 익는다.

헛개나무 _ 열매(미성숙)

헛개나무 _ 열매(성숙)

호랑가시나무

학명 *Ilex cornuta* Lindl. & Paxton

과명 감탕나무과

개화 4~5월

열매 10~12월

호랑가시나무 _ 암꽃

호랑가시나무 _ 수꽃

생태적 특성

호랑가시나무라는 이름은 잎끝에 호랑이 발톱 같은 날카롭고 단단한 가시가 있다는 데서 붙여진 것이다. 일설에는 이 가시를 이용해 호랑이가 등이 가려울 때 긁었다는 이야기도 전해진다. 둥근잎호랑가시, 호랑이발톱나무, 범의발나무, 묘아자(猫兒刺), 묘아자나무, 구골(枸骨), 노호자(老虎刺) 등으로도 불린다.

상록활엽관목 또는 소교목으로 키는 2~3m 정도이고 수피는 회백색이며 작은 가지에는 털이 없다. 잎은 어긋나고 혁질이며 타원상의 육각형 및 사각상의 타원형으로 각이 진 부분에 모두 날카롭고 단단한 가시가 달려 있다.

꽃은 암수딴그루로 액생하는 산형꽃차례에 5~6송이씩 달린다. 수꽃의 꽃잎은 난형이고, 암꽃은 꽃자루에 달리며 4~5월에 흰색으로 핀다. 열매는 둥글며 10~12월에 붉은색으로 익는데 겨울 동안에도 나무에 매달려 있다.

호랑가시나무 _ 잎

호랑가시나무 _ 열매

화살나무

학명 *Euonymus alatus* (Thunb.) Siebold

과명 노박덩굴과

개화 5월

열매 10월

화살나무 _ 잎

화살나무 _ 꽃

생태적 특성

화살나무는 잔가지에 코르크질로 된 날개 모양의 갈색 껍질이 있는데, 이것을 화살에 비유하여 '활의 살 같다'고 해서 처음에는 '활살나무'라 하였으나 지금의 화살나무로 되었다. 날개가 참빗 모양과 비슷하다 하여 참빗나무라고 부르는 지방도 있다. 이외에 홋잎나무, 참빗살나무, 챔빗나무라고도 하며, 한자명은 귀전우(鬼箭羽), 팔수(八樹), 사능수(四稜樹)이다.

낙엽활엽관목으로 키는 3m 정도이고 작은 가지에 2~4줄의 코르크질의 날개가 있다. 잎은 마주나고 타원형 및 도란형이며 가장자리에 예리한 잔톱니가 있다. 꽃은 액생하는 취산꽃차례에 3송이씩 달리며 황록색으로 5월에 핀다. 열매는 삭과로 붉은색이며 4갈래로 갈라지고 10월에 익으며 12월까지 달려 있다.

화살나무 _ 가지의 날개

화살나무 _ 열매

황칠나무

학명 *Dendropanax morbiferus* H. Lév.

과명 두릅나무과

개화 6월

열매 10월

황칠나무 _ 잎

황칠나무 _ 꽃

생태적 특성

나무껍질에 상처를 내면 황색 수액이 나오는데 이 수액으로 노란 칠을 하는데 사용하는 나무라고 하여 황칠나무라고 한다. 노란옻나무라고도 하며, 한자명은 황칠목(黃漆木), 수삼(樹參)이다. 보길도에서는 상철나무 또는 황철나무라고도 부른다.

음력 6월쯤 나무줄기에 칼로 흠집을 내면 수액이 나오는데, 수액은 처음에는 우윳빛이지만 공기 중에서 산화되면서 황색으로 변한다. 황칠이 본격적으로 나오는 시기는 8월 초순부터 9월 중순 사이이다. 수액이 나오는 양은 나무 크기에 따라 조금씩 다르지만 한 나무에서 한 번에 1g 정도라고 한다.

상록활엽교목으로 키는 15m 정도이고 일년생 가지는 녹색이며 윤기가 난다. 잎은 어긋나고 난형 및 타원형이며 가장자리가 3~5개로 갈라진다. 꽃은 암수한꽃으로 산형꽃차례를 이루며 6월에 흰색으로 핀다. 열매는 타원형의 핵과로 10월에 검은색으로 익는다.

황칠나무 _ 수액

황칠나무 _ 열매(미성숙)

황칠나무 _ 열매(성숙)

후박나무

학명 *Machilus thunbergii* Siebold & Zucc.

과명 녹나무과

개화 5~6월

열매 7~8월

후박나무 _ 겨울눈

후박나무 _ 꽃

생태적 특성

후박나무는 우리나라와 중국, 타이완, 일본 등지에 분포한다. 우리나라는 전라도, 경상도, 울릉도, 제주도 및 남쪽 섬의 해발 700m 이하에 자생하는데 세계적인 희귀종으로 손꼽히는 나무이다. 따뜻한 섬 지방의 비옥한 땅에서 잘 자라나 추위에는 약하다. 생장이 빠르며 공해와 맹아력도 강하다.

상록활엽교목으로 키는 20m이고 지름이 1m이다. 수피는 황갈색이고 정아는 난형이다. 잎은 혁질로 표면에 광택이 나며 어긋나고 도란형 및 도란상의 피침형 또는 타원형이다. 잎의 표면은 짙은 녹색이고 뒷면은 흰빛이 도는 녹색인데, 잎을 입속에 넣고 오래 씹으면 찐득찐득한 것이 남는다. 꽃은 원추꽃차례로 가지 선단 또는 상부 잎겨드랑이에 형성되고 황록색의 암수한꽃으로 달리며 5~6월에 잎과 함께 핀다. 열매는 장과로 둥글고 흑자색으로 7~8월에 익는다.

후박나무 _ 잎

후박나무 _ 열매

각시붓꽃
각시원추리
개감수
개모시풀
개족도리풀
거지덩굴
계요등
고비
국화마
금난초
금새우난초
까실쑥부쟁이
꽃며느리밥풀
낙지다리
남산제비꽃
넉줄고사리
노랑원추리
노랑제비꽃
노랑하늘타리
노루발
더덕
딱지꽃
뚝갈
물봉선
바위채송화

방울새란
백선
벌등골나물
보춘화
복수초
부처손
붉은사철란
비짜루
뻐꾹나리
사데풀
사철란
산국
산기장
산일엽초
삽주
새우난초
석창포
세뿔석위
세잎양지꽃
소엽맥문동
솜양지꽃
실고사리
애기똥풀
애기석위
약난초

양지꽃
얼레지
옥녀꽃대
용둥굴레
윤판나물
은난초
일월비비추
점현호색
졸방제비꽃
죽대
지네발란
진황정
참나리
참으아리
참취
천문동
콩짜개덩굴
큰까치수염
큰꽃으아리
큰천남성
파드득나물
하늘말나리
할미꽃
현호색
혹난초

각시붓꽃

학명 *Iris rossii* Baker

과명 붓꽃과

개화 4~5월

열매 6~7월

각시붓꽃 _ 꽃봉오리

각시붓꽃 _ 꽃

생태적 특성

우리나라 각처의 산지에서 자라는 여러해살이풀이다. 생육 환경은 햇볕이 잘 드는 양지바른 곳에서 주로 서식하며 큰 군락을 이루는 곳은 별로 없고 대부분 군데군데 모여 피는 종이다. 키는 10~20cm이고, 잎은 길이 약 30cm, 너비 약 0.2~0.5cm로 칼처럼 휘어지고 표면은 녹색이고 뒷면은 분백색이다. 꽃은 보라색이며 지름 3~4cm로 꽃잎 안쪽에 수술과 암술이 들어 있고 꽃줄기 하나에 한 송이씩 달린다. 열매는 갈색이며 긴 타원형으로 6~7월경에 달리고 안에는 광택이 나는 검은 종자가 들어 있다. 햇볕이 잘 드는 곳에 피지만 봄이 가기 전 하고현상(여름이 되면 꽃과 잎이 땅에서 모두 없어지는 현상)이 빨리 일어나 없어지고 만다. 옮겨 심는 것을 싫어하는 품종이어서 가급적 있는 사생지는 그대로 보존하는 것이 좋은 품종이다. 관상용으로 쓰인다.

각시붓꽃 _ 개화 직전

각시붓꽃 _ 종자 결실 전

각시원추리

학명 *Hemerocallis dumortieri* C. Morren

과명 백합과

개화 6~7월

열매 9~10월

각시원추리 _ 꽃봉오리

각시원추리 _ 꽃

생태적 특성

백합과에 속하는 숙근성 여러해살이풀로 우리나라와 중국, 일본 등지에 분포한다. 원추리는 그 종류가 상당히 많은데, 각시원추리는 원추리에 비해 작아서 붙여진 이름이다. 원추리는 키가 1m까지 자라는 반면, 각시원추리는 60cm 정도로 자란다.

각시원추리의 뿌리는 사방으로 퍼지고 원뿔 모양으로 굵어지는 것이 있다. 잎은 밑에서 마주나며 서로 맞물리는데, 길이가 50cm, 너비 0.6~1.5cm로 뒤로 처진다. 꽃은 6~7월에 줄기 끝에 노란색으로 2~3송이가 피며 꽃대가 실세 자라고 꽃지루도 발달하나 가지는 나눠지지 않는다. 꽃줄기는 40~70cm로 잎 길이와 비슷하거나 약간 길다. 얇은 막은 난형으로 끝이 뾰족하다. 열매는 9~10월경에 세모꼴로 길쭉하게 달리고 종자는 광택이 나며 검은색이다.

각시원추리 _ 잎

각시원추리 _ 종자 결실

개감수

학명 *Euphorbia sieboldiana* Morren & Decne.

과명 대극과

개화 4~6월

열매 9월

개감수 _ 꽃봉오리

개감수 _ 꽃

생태적 특성

우리나라 전국의 산과 들에 자라는 여러해살이풀이다. 생육 환경은 양지 혹은 반음지의 토양이 비옥한 곳에서 자란다. 키는 30~60cm이고, 잎은 긴 타원형이며 앞부분은 녹색이지만 뒤쪽은 홍자색을 띤다. 꽃은 녹황색이고 한 줄기에 한 송이의 암꽃이 있으며 나머지는 모두 수꽃이다. 목본류에서 수꽃과 암꽃이 따로 피는 것은 많이 볼 수 있지만, 초본류에서 암꽃과 수꽃이 따로 피는 것은 보기 드문 것 중의 하나이다. 열매는 9월경에 달린다. 잎을 자르면 흰색 유액이 나오며, 이 식물은 독성이 강하므로 식용은 하지 않는다. 다른 식물들과 대별되는 가장 큰 특징은 꽃이 잎 색과 거의 유사한 색을 가졌으며 꽃 모양 또한 별 모양인 점이다. 큰 군락을 이룬 곳은 없지만, 많이 뭉쳐서 자라는 것은 쉽게 관찰된다.

개감수 _ 새순

개감수 _ 종자 결실

개모시풀

학명 *Boehmeria platanifolia* Franch. & Sav.

과명 쐐기풀과

개화 7~8월

열매 9~10월

개모시풀 _ 지상부

개모시풀 _ 꽃

생태적 특성

여러해살이풀로 키는 1m에 이르며, 줄기에는 둔한 능선이 있고 짧은 털이 촘촘히 난다. 잎은 마주나고 넓은 난형 또는 원형이며 길이 10cm, 너비 12~18cm로서 가장자리의 톱니는 깊이 패어 있다. 톱니는 위로 갈수록 커지고 3개로 갈라진다. 윗부분의 잎은 난상 타원형으로서 끝이 꼬리처럼 길게 뾰족해지고 톱니가 그리 크지 않나. 양면에 짧고 거친 털이 퍼져 나 있다. 꽃은 암수한그루로서 수상꽃차례로 달리고 7~8월에 피며 연녹색이다. 열매는 수과로 도란형이고 가장자리에 날개가 있으며 전체에 털이 있다.

개모시풀 _ 잎

개모시풀 _ 줄기

개족도리풀

학명 *Asarum maculatum* Nakai

과명 쥐방울덩굴과

개화 4~5월

열매 6~7월

개족도리풀 _ 꽃봉오리

개족도리풀 _ 꽃

생태적 특성

남부지방 숲속의 그늘지고 습윤한 곳에 분포하며 토양습도가 높고 토심이 깊고 낙엽층과 유기물이 풍부한 지역에 모여 자란다.

여러해살이풀로 뿌리줄기는 비스듬히 서고 흰색 뿌리가 퍼지는데 마디가 많고 다육성이다. 윗부분에는 난형의 적갈색 비늘조각이 붙는다. 잎은 짧은 줄기 끝에 1~2장이 붙으며 잎자루는 길이가 2.5~13cm이고 꽃자루는 잎자루보다 짧다. 길이는 8cm, 너비는 7cm 정도로 털이 없고 심장형 또는 신장형으로 표면은 짙은 초록색이며 가장자리가 밋밋하고 흰 무늬가 표면 전체에 있다. 꽃은 흑사색이며 양성화이고 5~6월에 피며 꽃잎은 없고 항아리 모양의 꽃받침통이 3개로 갈라지며 그 끝은 뾰족하고 뒤로 젖혀지지 않는다. 꽃받침통 안에 털은 없지만 능선은 있다. 열매는 장과로 꽃받침통과 더불어 길이가 3cm 정도고 종자는 반타원형이다.

개족도리풀 _ 열매

개족도리풀 _ 잎

거지덩굴

학명 *Cayratia japonica* (Thunb.) Gagnep.

과명 포도과

개화 7~8월

열매 9~11월

거지덩굴 _ 열매

거지덩굴 _ 꽃

생태적 특성

숲 가장자리에 자라는 덩굴성 여러해살이풀이다. 줄기는 능선이 있으며, 마디에 긴 털이 있고, 길이 3~5m이다. 잎은 어긋나거나 꽃차례가 있는 마디에서는 마주나며, 작은잎 5장으로 된 겹잎이다. 잎 가장자리는 톱니가 있고, 잎맥 위에 털이 난다. 덩굴손은 잎과 마주난다. 꽃은 7~8월에 피며, 잎겨드랑이에서 난 길이 8~15cm의 산방상 취산꽃차례에 달리고, 노란빛이 도는 녹색이다. 꽃잎은 4장, 수술은 4개, 암술은 1개이다. 열매는 장과이며 둥글고 지름 0.6~0.8cm로 검게 익는다.

거지덩굴 _ 잎과 줄기

계요등

학명 *Paederia scandens* var. *scandens* (Lour.) Merr.

과명 꼭두서니과

개화 7~9월

열매 9~10월

계요등 _ 꽃봉오리

계요등 _ 꽃

생태적 특성

우리나라 충청 이남의 산지에서 자라는 덩굴성 식물이다. 생육 환경은 산지의 양지바른 곳이나 골짜기에 자생한다. 덩굴 길이 5~7m가량으로 긴 편이며, 잎은 길이 5~12cm, 너비 1~6cm로 잎끝은 약간 뾰족하며 난형이다. 꽃은 흰색이며 길이 1~1.5cm, 너비 0.4~0.6cm이고 둥근 안쪽에는 자주색이 선명하게 있다. 열매는 9~10월경에 둥글고 황갈색으로 달리며, 지름 0.5~0.6cm 정도이다. 계요등은 냄새가 나기 때문에 쉽게 발견할 수 있지만 꽃의 모양이 특이하고 또 흰 바탕에 자주색이 들어가 있어서 더 알아보기 쉽다. 다른 식물을 감고 올라가는 특성을 가지고 있어 처음에는 덩굴식물이라는 것을 모르면 다른 식물로 자칫 오해할 수 있다. 관상용이며 줄기와 잎은 약용한다.

계요등 _ 잎

계요등 _ 단풍과 열매

고비

학명 *Osmunda japonica* Thunb.

과명 고비과

개화 꽃이 피지 않음

열매 포자 번식

고비 _ 어린잎

고비 _ 줄기

생태적 특성

여러해살이풀로 키는 60~100cm이고, 줄기는 뿌리줄기에서 여러 대가 나온다. 잎이 신선한 녹색이라 쾌적하고 신선감을 준다. 어린잎은 나선형으로 꾸부러져 나오며 적색 바탕에 흰색의 면모로 덮여 있고 잎자루는 주맥과 더불어 광택이 나며 처음에는 적갈색 털로 덮여 있지만 커지면서 곧 없어진다. 잎은 신선한 녹색으로 2회 깃꼴겹잎이고 깃조각은 길이 20~30cm로서 첫째 것이 가장 길다. 성숙한 잎은 광택이 나고 털이 없으며 2개씩 갈라진 측맥은 주맥과 45~55도를 이루고 붙어 있다. 주먹 같은 뿌리줄기가 있으며 많은 잔뿌리가 있다.

고비 _ 잎

고비 _ 포자

국화마

학명 *Dioscorea septemloba* Thunb.

과명 마과

개화 6~8월

열매 9~10월

국화마 _ 잎

국화마 _ 꽃

생태적 특성

덩굴성 여러해살이풀로 전체에 털이 없으며 뿌리는 털이 없고 굵은 뿌리가 옆을 뻗는다. 잎은 어긋나고 잎몸은 깊게 5~7갈래이고 길이와 너비는 각각 5~12cm이며 국화잎과 비슷하다. 밑은 대개 심장형이고 가장자리는 물결 모양이다. 꽃은 암수딴그루로 꽃은 연한 황록색이고 잎겨드랑이에 수상꽃차례로 달린다. 수꽃 꽃차례는 수상꽃차례이며 잎겨드랑이에서 나오고 암꽃 꽃차례는 갈라지지 않는다. 꽃덮개는 6장, 수술은 6개이다. 열매는 삭과로 3개의 날개가 있고 2cm 정도로서 밑으로 처진 꽃차례에 달려 위를 향하며, 종자는 둘레에 날개가 있다.

국화마 _ 덩굴줄기

국화마 _ 열매

금난초

학명 *Cephalanthera falcata* (Thunb.) Blume

과명 난초과

개화 4~6월

열매 7~8월

금난초 _ 꽃봉오리

금난초 _ 꽃

생태적 특성

우리나라 울릉도와 경기도 이남에서 자라는 여러해살이풀이다. 생육 환경은 반그늘 혹은 양지에서 잘 자란다. 키는 40~70cm, 잎은 긴 타원형으로 길이 8~15cm, 너비 2~4cm 정도이다. 꽃은 황색이며 정상부에 3~12송이가 달리고, 둘러싸고 있는 잎은 길이 0.2cm 정도의 삼각형이다. 꽃받침 잎은 타원형이고 길이 1.4~1.7cm로 끝이 둔하다. 열매는 7~8월경에 갈색의 긴 타원형으로 달리고 먼지 같은 작은 종자가 많이 들어 있다. 큰 무리를 이루어 피는 것을 관찰할 수 없었던 품종으로, 자생 난 중 꽃은 큰 편이지만 다른 꽃들처럼 활짝 피지 않고 반 정도만 핀다.

금난초 _ 새순

금난초 _ 잎 변형

금새우난초

학명 *Calanthe sieboldii* Decne. ex Regel

과명 난초과

개화 4~5월

열매 8월

금새우난초 _ 지상부

금새우난초 _ 꽃

생태적 특성

남쪽 섬 지역의 숲속에 주로 상록활엽수림의 하층 식생으로 분포하는 여러해살이풀이다. 공중습도가 높고 토양이 비옥한 지역의 평지 또는 약간 경사진 비탈면에서 잘 자란다. 키는 40cm 정도이고, 뿌리줄기는 옆으로 뻗고 염주 모양이며 마디가 많고 잔뿌리가 돋는다. 잎은 두해살이로 첫해에는 2~3개가 뿌리에서 나와 곧게 자라지만 다음 해에는 옆으로 늘어지며 긴 타원형이고 길이 15~25cm이며 양 끝이 좁고 주름이 있다. 꽃은 4~5월에 황색으로 피고 꽃대 상부에 총상으로 달리며, 포는 피침형으로 길이 0.5~1cm이고 건막질로 끝이 뾰족하다. 꽃받침 조각은 난상 타원형으로 길이 2.5~3cm이며, 꽃잎은 꽃받침보다 다소 작다. 열매는 삭과로 밑으로 처진다.

금새우난초 _ 열매

금새우난초 _ 잎

까실쑥부쟁이

학명 *Aster ageratoides* Turcz.

과명 국화과

개화 8~10월

열매 10~11월

까실쑥부쟁이 _ 새순

까실쑥부쟁이 _ 꽃

생태적 특성

우리나라 각처의 산이나 들에서 자라는 여러해살이풀이다. 생육 환경은 반그늘과 양지에서 자생하며 비옥한 토양에서 잘 자란다. 키는 1m 내외이고, 잎은 긴 타원 모양이며 잎 끝에는 톱니 모양이 나 있고 자주색의 띠가 있다. 잎의 길이는 10~14cm이며 표면이 거칠고 줄기 위로 올라갈수록 작아진다. 꽃은 연한 자주색과 연한 보라색이며 지름은 약 2cm 정도이다. 열매는 10~11월에 달리고 타원 모양이며 털이 나 있다.

까실쑥부쟁이 _ 줄기

까실쑥부쟁이 _ 잎

꽃며느리밥풀

학명 *Melampyrum roseum* Maxim.

과명 현삼과

개화 7~8월

열매 9월

꽃며느리밥풀 _ 꽃(측면)

꽃며느리밥풀 _ 꽃(정면)

생태적 특성

반기생성 한해살이풀로 키는 30~50cm이고 둔한 네모가 지며 능선 위에 짧은 털이 있고 전체에 비늘 모양의 털이 있다. 잎은 마주나고 중앙부의 잎은 좁은 난형 또는 긴 타원상 피침형이며 길이 5~7cm, 너비 1.5~2.5cm로서 쐐기 모양이다. 꽃은 7~8월에 홍색으로 피고 길이 1.5~2cm로서 줄기와 가지 끝에서 수상꽃차례로 달린다. 꽃부리는 겉에 잔돌기가 있다. 열매인 삭과는 난형으로 끝이 뾰족하고 길이 0.8~1cm이며 윗부분에 짧은 털이 촘촘히 나고 9월에 익어 두 쪽으로 갈라진다. 열매 속에 든 2~4개의 종자는 검은색으로 타원형이다.

꽃며느리밥풀 _ 잎

낙지다리

학명 *Penthorum chinense* Pursh

과명 돌나물과

개화 7~8월

열매 9월

낙지다리 _ 꽃

낙지다리 _ 잎

생태적 특성

햇볕이 잘 드는 연못이나 도랑 같은 습지에서 군락을 형성하며 자라는 여러해살이풀로 수생식물이다. 키는 30~70cm로 곧게 서며 털이 없고 홍자색으로 윗부분에서 가지를 친다. 잎은 어긋나며 막질로 양 끝이 좁고 뾰족한 피침형이고 가장자리에는 잔톱니가 있으며 잎자루는 없다. 꽃은 7~8월에 황백색으로 피며 원줄기 끝에서 가지가 사방으로 갈라져 총상꽃차례를 이루고, 위쪽으로 치우쳐 달려 낙지다리처럼 보인다. 꽃받침은 종형으로 5개로 갈라지며, 갈라진 조각은 끝이 뾰족한 난형이다. 꽃잎은 없으며, 1개의 암술과 10개의 수술이 둥글게 뭉쳐 꽃을 이룬다. 열매는 삭과로 9월에 홍갈색으로 익는다.

낙지다리 _ 지상부

낙지다리 _ 열매

남산제비꽃

학명 *Viola albida* var. *chaerophylloides* (Regel) F. Maek. ex Hara

과명 제비꽃과

개화 4~6월

열매 7~8월

남산제비꽃 _ 꽃(정면)

남산제비꽃 _ 꽃(측면)

생태적 특성

우리나라 전역의 산과 들에 자라는 여러해살이풀이다. 생육 환경은 양지 혹은 반음지의 물 빠짐이 좋은 곳에 자란다. 키는 10~15cm이고, 잎은 3개로 완전히 갈라지며 옆에 있는 것은 다시 2개로 갈라져 새 발 모양이며 뿌리 부분에서 나온다. 꽃은 흰색으로 잎 사이에서 꽃줄기가 나와 한 송이씩 달린다. 열매는 7~8월경에 타원형으로 달린다.

남산제비꽃 _ 잎

남산제비꽃 _ 지상부

넉줄고사리

학명 *Davallia mariesii* T. Moore ex Baker

과명 넉줄고사리과

개화 꽃이 피지 않음

열매 포자 번식

생태적 특성

우리나라 전역의 숲에서 자라는 여러해살이풀로 양치식물이다. 생육 환경은 반그늘 지고 주변의 공중 습도가 높은 곳에서 바위나 나무줄기에 붙어 자란다.

잎은 길이 10~20cm, 너비 8~15cm로 삼각형으로 드문드문 달리고 새의 깃 모양으로 깊게 갈라진다. 줄기는 갈색 또는 회갈색 작은 조각으로 덮인다. 잎 뒷면에 붙어있는 포자는 잎맥 끝에 1개씩 달리고 양쪽 가장자리와 밑부분에 둥글게 달린다. 관상용이다.

넉줄고사리 _ 뿌리

넉줄고사리 _ 잎

노랑원추리

학명 *Hemerocallis thunbergii* Baker

과명 백합과

개화 7~8월

열매 8~9월

생태적 특성

백합과의 여러해살이풀로 우리나라 전 지역과 일본, 중국 등지에 분포한다.

노랑원추리는 원추리처럼 키가 1m 이상으로 크며, 뿌리줄기가 사방으로 벋으며 번식한다. 잎은 어긋나며 2줄로 돋고, 부채처럼 퍼지지만 거의 곧게 서며 윗부분이 뒤로 처진다. 잎 가운데에서 꽃줄기가 나와 가지를 많이 친다.

꽃은 6~7월에 피는데, 오후에 피어 다음날 오전에 진다. 꽃차례는 짧고 커다란 얇은 막 안에 꽃이 2~4송이씩 달린다. 꽃의 지름은 약 7cm, 길이는 8~10cm이다. 수술은 6개이고 꽃덮개보다 짧으며 암술대는 수술보다 길다. 열매는 여러 개의 씨방으로 이루어져 있고 도린형이고 둔하며 끝이 약간 파이고 밑부분이 갑자기 좁아진다. 종자는 검은색의 타원형이며 길이 0.6cm 정도이다. 종자에 광채가 난다.

노랑원추리 _ 지상부

노랑원추리 _ 잎

노랑원추리 _ 꽃

노랑제비꽃

학명 *Viola orientalis* (Maxim.) W. Becker

과명 제비꽃과

개화 4~6월

열매 8~9월

노랑제비꽃 _ 꽃(정면)

노랑제비꽃 _ 꽃(뒷면)

생태적 특성

우리나라 각처의 산에서 자라는 여러해살이풀이다. 생육 환경은 햇볕이 잘 드는 산중 풀밭에서 잘 자라며, 고산지대에서는 바위틈이나 양지에서 자란다. 키는 10~18cm이며, 잎은 난상 심장형으로 가장자리에 톱니가 있고 길이 7~12cm이며 표면은 윤기가 있고 뒷면은 갈색을 띤다. 노란색의 꽃이 줄기 끝의 두꺼운 잎 사이로 2~3송이가 달리고, 뒷면은 약한 자줏빛이다. 열매는 8~9월경에 날리고 난상 타원형으로 털이 없다.

노랑제비꽃 _ 잎

노랑제비꽃 _ 종자 결실

노랑하늘타리

학명 *Trichosanthes kirilowii* var. *japonica* Kitam.

과명 박과

개화 7~8월

열매 9~10월

노랑하늘타리 _ 덩굴줄기

노랑하늘타리 _ 꽃

생태적 특성

덩굴성 여러해살이풀로 잎과 마주나는 덩굴손이 자라서 다른 물체에 잘 기어 올라가고 고구마 같은 큰 덩이뿌리가 있다. 잎은 어긋나기하며 넓은 심장형이며 3~5개로 얕게 갈라지지만 밑부분의 잎은 깊게 갈라지고 길이와 너비가 각각 6~10cm로서 원줄기와 더불어 흰색 털이 있다. 꽃은 암수딴그루로서 7~8월에 피고 수꽃은 길이 10~20cm의 총상꽃차례로 달리며 암꽃은 1송이씩 달린다. 열매는 넓은 난상 원형이고 길이 10cm로서 황색으로 익으며 열매꼭지는 길이 2~4.5cm이고 종자는 긴 타원형 또는 난상 원형이며 길이 11~14cm로서 연한 흑갈색이다.

노랑하늘타리 _ 잎

노랑하늘타리 _ 열매

노루발

학명 *Pyrola japonica* Klenze ex Alef.

과명 노루발과

개화 6~7월

열매 8~9월

노루발 _ 꽃봉오리

노루발 _ 꽃

생태적 특성

우리나라 각처의 산에서 자라는 상록성 여러해살이풀이다. 생육 환경은 반그늘의 낙엽수 아래에서 자란다. 키는 25cm 내외이고, 잎은 길이 4~7cm, 너비 3~5cm이고 밑동에서 뭉쳐서 나며 넓은 타원형이다. 꽃은 흰색이고 길이 10~25cm, 지름 1.2~1.5cm로 윗부분에 2~12송이가 무리 지어 달리며 능선이 있고 1~2개의 비늘 같은 잎이 있다. 열매는 8~9월경에 달리고 흑갈색으로 이듬해까지 남아 있다.

잎은 광택이 많이 나고, 한겨울에도 잎이 고사하지 않는 특징이 있다. 옮겨 심기가 까다로운 식물이어서 채취하지 말아야 한다.

노루발 _ 새순

노루발 _ 종자 결실

더덕

학명 *Codonopsis lanceolata* (Siebold & Zucc.) Benth. & Hook. f. ex Trautv.

과명 초롱꽃과

개화 8~9월

열매 10~11월

더덕 _ 새순

더덕 _ 꽃봉오리

생태적 특성

우리나라 각처의 숲속에서 자라는 덩굴성 여러해살이풀이다. 길이 2~5m이고, 짧은 가지 끝에는 4장의 잎이 서로 뭉쳐 있는 것처럼 보인다. 잎은 긴 타원형으로 길이 3~10cm, 너비 1.5~4cm이다. 잎 가장자리는 밋밋하고, 표면은 녹색이며 뒷면은 분백색이다. 꽃은 겉은 연녹색이고 안쪽에는 자갈색 점이 있으며, 아래를 향해 핀다. 열매는 10~11월경에 익고 종자는 매우 작다. 뿌리는 도라지처럼 굵으며, 넝굴을 자르면 흰 유액이 나온다. 뿌리는 식용하거나 약용한다.

더덕 _ 잎

더덕 _ 종자 결실

딱지꽃

학명 *Potentilla chinensis* Ser.

과명 장미과

개화 6~7월

열매 7~8월

딱지꽃 _ 새잎 전개

딱지꽃 _ 꽃

생태적 특성

우리나라 각처의 들, 개울가, 바닷가에 나는 여러해살이풀이다. 생육 환경은 햇볕이 잘 드는 곳에서 자란다. 키는 30~60cm이고, 잎은 길이 2~5cm, 너비 0.8~1.5cm로 긴 타원형이며 표면에는 털이 없으나 뒷면은 흰색 털이 많이 있다. 꽃은 황색이며 줄기 끝에 지름 1~2cm로 피고 꽃잎은 5장이다. 열매는 7~8월경에 넓은 난형으로 달린다. 어린순은 나물로 먹거나 국거리로 이용하며 뿌리를 포함한 선초는 약용한다.

딱지꽃 _ 잎

딱지꽃 _ 시드는 모습

뚝갈

학명 *Patrinia villosa* (Thunb.) Juss.

과명 마타리과

개화 7~8월

열매 9~10월

뚝갈 _ 잎

뚝갈 _ 꽃

생태적 특성

우리나라 전역의 산과 들에서 나는 여러해살이풀이다. 생육 환경은 햇볕이 잘 드는 양지쪽의 물 빠짐이 좋은 곳에서 자란다. 키는 약 1.5m이고, 잎은 길이 3~15cm이고 마주나며 표면은 짙은 녹색이고 뒷면은 흰빛이 돌며 가장자리에는 톱니가 있고 양면에는 흰색털이 드물게 있으며 마주난다. 꽃은 흰색으로 원줄기 끝이나 가지 끝에서 달리며, 꽃줄기 끝에서 갈라진 가지에는 아래로 피지기나 밑을 향해 있는 털이 있다. 열매는 9~10월경에 도란형으로 열매의 뒷면은 둥글게 달린다. 어린잎은 식용하고 뿌리는 약용한다.

뚝갈 _ 줄기

뚝갈 _ 종자 결실

물봉선

학명 *Impatiens textori* Miq.

과명 물봉선화과

개화 8~9월

열매 10월

물봉선 _ 꽃봉오리

물봉선 _ 꽃

생태적 특성

우리나라 각처의 산이나 들에서 자라는 한해살이풀이다. 생육 환경은 습기가 많은 곳이나 계곡 근처의 물이 빨리 흐르지 않는 곳에서 자란다. 키는 약 60cm 내외이며, 잎은 넓은 피침형이고 가장자리에 톱니가 있으며 길이 6~15cm 정도이다. 꽃은 홍자색이고 꽃자루가 길게 뻗어 있으며, 자주색 반점이 있고 끝이 안으로 말리며 아랫부분에 붉은 선모와 작은 얇은 막이 있다. 유사한 종으로 미색물봉선, 흰물봉선, 노랑물봉선, 가야물봉선 등이 있다. 관상용이며 잎과 줄기는 약용한다.

물봉선 _ 새잎 전개

물봉선 _ 종자 결실

바위채송화

학명 *Sedum polytrichoides* Hemsl.

과명 돌나물과

개화 8~9월

열매 10월

바위채송화 _ 지상부

바위채송화 _ 꽃

생태적 특성

우리나라 중부 이남의 산지에서 자라는 여러해살이풀이다. 생육 환경은 바위 겉이나 건조한 바위 위에 이끼가 말라 죽은 곳이나 먼지 등이 쌓인 곳에서 자란다. 산의 돌 틈에서 가장 많이 볼 수 있으며 여름에 산에 가면 물가 근처의 돌 틈에서 많이 볼 수 있다. 키는 10cm 내외이고, 잎은 약간 다육질이며 끝이 뾰족하고 가늘고 긴 모양이며, 길이 0.6~1.5cm가량 된다. 꽃은 황색으로 피고 꽃대가 없으며 가지 끝에서 가지가 갈라지고 꼭대기에서 1송이가 피고 다른 옆 가지에서 계속해서 핀다. 열매는 10월경에 달리는데, 길이 0.8~0.9cm로 둥글고 뾰족하다. 관상용이다.

바위채송화 _ 새잎 전개

바위채송화 _ 종자 결실

방울새란

학명 *Pogonia minor* (Makino) Makino

과명 난초과

개화 6~8월

열매 10월

방울새란 _ 새순

방울새란 _ 꽃

생태적 특성

우리나라 각처의 산지에서 자라는 여러해살이풀이다. 생육 환경은 햇볕이 잘 들고 물 빠짐이 좋으며 부엽질이 풍부한 곳에서 자란다. 키는 10~25cm이고, 잎은 중앙부 약간 위쪽에 1개가 달리며 긴 타원형이고 표면에는 윤기가 많이 나며 길이 3~7cm, 너비 0.4~1.2cm이다. 꽃은 흰색 바탕에 연한 홍자색이 돌며 원줄기 끝에 완전히 펼쳐지지 않은 상태로 1송이가 달린다. 열매는 10월경에 흑갈색으로 달리며 안에는 먼지처럼 미세한 수많은 종자가 들어 있고 길이 2.5cm 정도이다. 꽃이 필 때 자세히 살펴보면 위로 향해 있으면서 앞부분만 약간 열려 있는데 이 형태가 완전히 개화한 모습이다. 관상용이다.

방울새란 _ 잎

방울새란 _ 종자 결실

백선

학명 *Dictamnus dasycarpus* Turcz.

과명 운향과

개화 5~6월

열매 7월

백선 _ 꽃봉오리

백선 _ 꽃

생태적 특성

우리나라 각처의 산기슭에서 자라는 여러해살이풀이다. 생육 환경은 반그늘 혹은 햇볕이 잘 드는 습기가 많은 곳에서 잘 자란다. 키는 50~90cm가량이고, 잎은 홀수깃꼴겹잎으로 타원형이며 가장자리에는 잔톱니가 있고 표면에 투명한 유점이 있다. 꽃은 흰색 바탕에 연한 홍색의 줄무늬가 있으며 줄기 끝에서 달리고 꽃자루와 포에서 강한 냄새를 내는 선점이 있다. 열매는 7월경에 달리며 갈색 껍질 안에 검고 광택이 나는 종자가 들어 있다.

야생화 가운데 좀 더 많은 연구를 한다면 충분히 절화 식물로서의 개발이 가능한 품종이라 할 만큼 꽃송이도 많이 피고 아름답다. 이채로운 것은 꽃 수술 안쪽을 유심히 살펴보면 작은 검은 돌기들로 이루어져 있는데, 이는 다른 식물에서는 찾아보기 힘든 현상 가운데 하나이다.

백선 _ 잎

백선 _ 종자 결실

벌등골나물

학명 *Eupatorium makinoi* var. *oppisitifolium* (Koidz.) Kawahara & Yahara

과명 국화과

개화 8~9월

열매 9~11월

벌등골나물 _ 잎

벌등골나물 _ 꽃

생태적 특성

여러해살이풀로 뿌리줄기가 옆으로 길게 자란다. 잎은 마주나고 많은 것이 3개로 깊게 갈라지며 긴 타원형 또는 피침상 긴 타원형으로 길이 8~13cm, 너비 3~4.5cm이며 끝은 뾰족하고 가장자리에 톱니가 있으며 양면에 선점이 없고 털이 약간 있으며 표면에 윤기가 조금 나고 잎자루는 짧다. 밑부분의 잎은 작고 꽃이 피면 없어진다. 꽃은 8~9월에 연한 홍자색으로 피고 줄기 끝에 두상꽃차례로 달린다. 열매는 수과이고 갓털은 흰색을 띤다. 줄기는 곧추서고 많이 모여 나며 밑부분에 털이 없다.

벌등골나물 _ 지상부

보춘화

학명 *Cymbidium goeringii* (Rchb.f.) Rchb.f

과명 난초과

개화 3~4월

열매 6~7월

보춘화 _ 잎

보춘화 _ 꽃

생태적 특성

우리나라 남부와 중남부 해안의 삼림 내에서 자라는 여러해살이풀이다. 생육 환경은 자생하는 소나무가 많은 곳에서 집단적으로 자라며, 최근에는 내륙에서도 많은 자생지가 관찰된다. 꽃대 길이 10~25cm, 잎 길이 20~50cm 정도이고, 잎은 끝이 뾰족하고 가장자리에 미세한 톱니가 있으며 가죽처럼 질기며 진녹색이 나고 길이 20~50cm, 너비 0.6~1cm로 뿌리에서 나온다. 꽃은 흰색 바탕에 짙은 홍자색 반점이 있으며 안쪽은 울퉁불퉁하고 중앙에 홈이 있으며 끝이 3개로 갈라지고 길이 3~3.5cm 가량이며 연한 황녹색이다. 꽃은 뿌리 하나에 꽃이 하나씩 달리는 1경 1화이다. 열매는 6~7월경에 길이 약 5cm 정도로 달리고 안에는 먼지와 같은 종자가 무수히 많이 들어 있다.

보춘화는 생육 환경 및 조건에 따라 잎과 꽃의 변이가 많이 일어나는 품종이다.

보춘화 _ 지상부

보춘화 _ 종자 결실

복수초

학명 *Adonis amurensis* Regel & Radde

과명 미나리아재비과

개화 4~5월

열매 6~7월

복수초 _ 꽃봉오리

복수초 _ 꽃

생태적 특성

우리나라 각처의 숲속에서 자라는 여러해살이풀이다. 생육 환경은 햇볕이 잘 드는 양지와 습기가 약간 있는 곳에서 자란다. 키는 10~30cm이고, 잎은 3갈래로 갈라지며 끝이 둔하고 털이 없다. 꽃대가 올라와 꽃이 피면 꽃 뒤쪽으로 잎이 전개되기 시작한다. 꽃은 지름 3~4cm이고 줄기 끝에 한 송이가 달리고 노란색이다. 열매는 6~7월경에 별사탕처럼 울퉁불퉁하게 달린다. 우리나라에는 최근 3종류가 보고되었는데, 제주도에서 자라는 세복수초와 개복수초 및 복수초이다. 여름이 되면 하고현상(고온이 되면 고사하는 현상)이 일어나 지상부가 없어지는 품종이다.

복수초 _ 지상부

복수초 _ 열매

부처손

학명 *Selaginella involvens* (Sw.) Spring

과명 부처손과

개화 꽃이 피지 않음

열매 포자 번식

생태적 특성

우리나라 전국 각지의 산지 바위 표면 겉에 붙어서 자라는 상록성 여러해살이풀이다. 땅속줄기는 땅속이나 식물 사이로 뻗고 끝이 곧게 자란다. 키는 15~40cm이고, 잎은 원줄기에 드문드문 달리며 3~4회 새의 깃 모양으로 갈라지고, 난형 또는 긴 난형으로 밑부분은 잎자루 모양이 된다. 표면은 녹색이고 뒷면은 백록색이다. 포자엽은 삼각상 난형으로 가장자리에 잔톱니가 있다. 포자낭수는 어린 가지 끝에서 1개씩 달리고 얇은 막은 난형으로 끝이 뾰족하다. 포자낭 이삭은 작은 가지 끝에 1개씩 달리고 네모지며 포자엽은 삼각상 난형이며 길이 0.5~2.5cm, 너비 0.1cm 정도이다.

부처손 _ 수분 부족으로 잎을 오므린 모습

부처손 _ 새잎 전개

붉은사철란

학명 *Goodyera macrantha* Maxim.

과명 난초과

개화 8~9월

열매 10~11월

생태적 특성

붉은사철란은 제주도와 완도 등 남도 다도해 도서지방에서 나는 상록성 여러해살이풀이다. 잎이 상록이어서 사철란이란 이름이 붙어 있으며, 잎으로 구분하는 것이 좋다. 그 이유는 꽃이 없을 때에도 잎을 보고 찾을 수 있기 때문이다.

생육환경은 반그늘의 부엽질이 풍부하고 공중습도가 높으며 물 빠짐이 좋은 상록수림에서 자란다. 키는 4~8cm이고, 잎은 길이는 2~4cm, 너비는 1~2cm로 긴 난형으로 회녹색이며 흰색 무늬가 있고 끝이 뾰족하고 3~4장이 어긋난다. 줄기는 밑부분이 길어지거나 굵어지면서 자라고 옆으로 뻗는다. 꽃은 길이 2.5~3cm로 통 같고 붉은빛이 도는 연한 갈색으로 1~3송이가 달린다. 꽃대, 씨방 및 꽃받침에 꼬불꼬불한 털이 느슨하게 있다. 입술 모양 꽃부리의 길이는 1.7~2cm이고 밑부분이 부풀며 안쪽에 털이 있고, 양쪽 가장자리 부분은 끝이 젖혀지고 다소 뾰족하다. 열매는 10~11월에 길이 1.5~1.8cm로 달린다.

붉은사철란 _ 지상부

붉은사철란 _ 새순 올라오는 모습

붉은사철란 _ 꽃봉오리

비짜루

학명 *Asparagus schoberioides* Kunth

과명 백합과

개화 5~6월

열매 7~8월

비짜루 _ 꽃과 잎

생태적 특성

여러해살이풀로 키는 50~100cm이며 원줄기는 둥글고 능선이 있으며 위쪽에서 가지가 많이 갈라진다. 봄에 나오는 어린순을 비지깨나물이라고도 하고 경상도에는 밀풀이라는 식용 아스파라거스처럼 연하고 단맛이 나는 맛있는 산나물이다. 잔가지의 잎은 작은 막질이고 큰 가지나 원줄기에는 밑을 향한 가시처럼 된다. 꽃은 암수딴그루로서 5~6월에 피며 잎겨드랑이에 2~6송이의 꽃이 모여 달리고 길이 0.25~0.3cm이며 넓은 종형이고 연녹색이다. 열매는 장과로 둥글고 적색으로 익는다.

비짜루 _ 뿌리

비짜루 _ 열매

뻐꾹나리

학명 *Tricyrtis macropoda* Miq.

과명 백합과

개화 7월

열매 10~11월

뻐꾹나리 _ 꽃

뻐꾹나리 _ 꽃(위에서 본 모습)

생태적 특성

우리나라 중부 이남의 산지 숲에서 자라는 여러해살이풀이다. 생육 환경은 너무 습하지 않은 반그늘에서 자란다. 키는 30~100cm이고, 잎은 길이 5~15cm, 너비 2~7cm이며 긴 타원형으로 끝이 뾰족하다. 꽃은 흰색에 자주색 반점이 있으며 줄기나 잎 사이에서 달리고 위에는 수술과 암술이 나와 있으며 아래를 향해 핀다. 열매는 10~11월경에 달리고 삼각형이며 뾰족하게 생긴 씨방에는 작은 종자가 많이 들어 있다. 관상용이며 어린잎과 줄기는 식용한다.

뻐꾹나리 _ 잎

뻐꾹나리 _ 종자 결실

사데풀

학명 *Sonchus brachyotus* DC.

과명 국화과

개화 8~10월

열매 9~10월

사데풀 _ 잎

사데풀 _ 꽃

생태적 특성

양지바른 풀밭이나 바닷가 근처의 들판에서 무리 지어 자라는 여러해살이풀로 키는 30~100cm이고 전체에 유백색 즙이 있으며 줄기는 곧추서고 가지를 적게 치며 털이 없고 세로로 줄이 있다. 잎은 어긋나며 잎자루는 없고 어려서는 사홍색을 띠지만 자라면서 회녹색을 띤다. 꽃은 8~10월에 피고 원줄기 끝에 산형꽃차례 비슷하게 달리며 꽃자루는 길이 1.2~8cm로서 굵고 털이 있다. 총포는 넓은 통형이고 꽃이 필 때는 길이 1.6~2cm, 지름 0.4~0.5cm이며 흰 솜털이 있다. 열매인 수과는 갈색의 타원형이며 길이 0.35cm로서 양면에 5개의 능선이 있고 갓털은 길이 1.3cm로서 윗부분이 흰색, 밑부분이 갈색이며 9~10월에 익는다.

사데풀 _ 지상부

사철란

학명 *Goodyera schlechtendaliana* Rchb.f.

과명 난초과

개화 8~9월

열매 10월

사철란 _ 잎

사철란 _ 꽃

생태적 특성

남쪽 섬의 상록활엽수가 교목층으로 분포하고 아교목층과 관목층은 비교적 빈약한 곳의 숲속에서 자란다. 부식층이 많은 토양의 낙엽 사이에서 발견되며, 암반 사이의 유기물이 있는 곳에서도 생육한다.

상록성 여러해살이풀로 키는 12~25cm이고 밑부분은 옆으로 길고, 뿌리줄기는 마디에서 뿌리가 내린다. 잎은 좁은 난형으로 어긋나고 길이 2~4cm, 너비 1~2.5cm로 표면은 짙은 녹색이고 흰색 무늬가 있다. 꽃은 8~9월에 흰색 바탕에 붉은빛으로 피고 7~15송이가 수상꽃차례로 달린다. 흔히 꽃은 한쪽으로 치우쳐 달리고 피침형의 포는 위로 향한다. 꽃받침잎은 좁은 난형이고, 꽃잎은 난형으로 짧은 털이 있다. 입술꽃잎은 꽃받침 조각과 붙어 있으며 안쪽에 털이 있다. 열매는 삭과로 길이 0.8~1.2cm 정도이다.

사철란 _ 자생지

사철란 _ 종자 결실

산국

학명 *Dendranthema boreale* (Makino) Ling ex Kitam.

과명 국화과

개화 9~10월

열매 10~11월

산국 _ 꽃봉오리

산국 _ 꽃

생태적 특성

우리나라 각처의 산지에서 자라는 여러해살이풀이다. 생육 환경은 부엽질이 많은 토양의 햇볕이 들어오는 반그늘에서 자란다. 키는 1~1.5m이고, 잎은 난형으로 감국의 잎보다 깊이 갈라지며 날카로운 톱니 모양이 나 있으며 길이는 5~7cm이다. 꽃은 줄기 끝에서 노란색으로 피고 지름은 약 1.5cm이다. 열매는 10~11월경에 달린다.

산국 _ 잎

산국 _ 종자 결실

산기장

학명 *Phaenosperma globosa* Munro ex Benth.

과명 벼과

개화 5~6월

열매 7~8월

산기장 _ 열매

산기장 _ 꽃

생태적 특성

여러해살이풀로 키는 1~1.5m이며 곧게 선다. 뿌리줄기는 짧고 털이 없다. 잎은 길이 30~50cm이며 잎이 뒤집혀서 표면과 뒷면이 바뀌며 뒷면에 흰빛이 돌고 잎혀는 길이 0.5~1cm로서 피침형이다. 꽃은 5~6월에 피며 원추꽃차례는 길이 30~50cm이고 밑부분에서 가지가 돌려나지만 윗부분에서는 1~2송이씩 달린다. 수술은 3개이고 꽃밥은 길이 0.2cm 정도이다. 열매인 영과는 거의 둥글고 길이와 지름이 각 0.25~0.3cm이다.

산기장 _ 자생지

산일엽초

학명 *Lepisorus ussuriensis* (Regel & Maack) Ching

과명 잔고사리과

개화 꽃이 피지 않음

열매 포자 번식

생태적 특성

우리나라 전국 각처의 산에서 자라는 상록성 여러해살이풀로 온대성 양치식물이다. 생육환경은 그늘진 곳의 바위나 노목 밑동에 붙어서 자란다. 키는 20cm 미만이고, 잎은 짙은 녹색이며 흑색 점이 있고, 잎자루는 길이 2~5cm 정도이며, 잎몸은 길이 10~30cm, 너비 0.5~1.5cm이다. 포자낭은 황갈색으로 둥글게 잎 뒷면에 2줄로 나 있다. 뿌리를 포함한 전초는 약용한다.

산일엽초 _ 잎

산일엽초 _ 새잎 전개

산일엽초 _ 포자 달린 모습

삽주

학명 *Atractylodes ovata* (Thunb.) DC.

과명 국화과

개화 7~10월

열매 9~10월

삽주 _ 꽃봉오리

삽주 _ 꽃

생태적 특성

우리나라 각처 산지에서 자라는 여러해살이풀이다. 생육 환경은 물 빠짐이 좋은 양지나 풀숲에서 자란다. 키는 30~100cm 정도이고, 잎은 길이 8~11cm로 표면에 광택이 나고 잎자루는 길이 3~8cm이며, 뒷면은 흰빛이 돌고 끝에 바늘 같은 작은 가시가 3~5개로 갈라진다. 꽃은 흰색 또는 홍색으로 피고 지름 1.5~2cm이며 원줄기 끝에 뭉쳐서 핀다. 열매는 9~10월에 갈색으로 익으며 위로 향한 은백색 털이 뭉쳐 있고 갓털의 길이 0.8~0.9cm이다. 겨울이 지나고 봄이 와도 꽃대는 그대로 남아 있고, 종자는 모두 날아가고 없다. 어린잎은 식용하고, 뿌리는 약용한다.

삽주 _ 지상부

삽주 _ 잎

새우난초

학명 *Calanthe discolor* Lindl.

과명 난초과

개화 4~5월

열매 7~8월

새우난초 _ 꽃봉오리

새우난초 _ 꽃

생태적 특성

우리나라 남도 지방에서 자라는 여러해살이풀이다. 생육 환경은 날씨가 따뜻한 반그늘에서 자란다. 키는 30~50cm이고, 잎은 길이 15~25cm, 너비 4~6cm이며 잎 밑이 날카롭고 끝은 날카로우며 세로로 주름져 겹쳐 있다. 특히 잎은 이년생으로, 첫해에는 2~3개의 잎이 자라지만 이듬해에는 옆으로 늘어진다. 꽃은 꽃받침과 곁꽃잎은 자줏빛이 도는 갈색이고, 입술꽃잎은 자줏빛을 띤 흰색으로 10여 송이의 꽃이 길이 15cm 정도의 꽃술기에 걸쳐 윗부분에 뭉쳐 달린다. 잎 사이에서 꽃대가 나디나고 짧은 털이 있으며 1~2개의 비늘 같은 잎이 달린다. 뿌리 부분은 포복성으로 마디가 많고 수염뿌리이다. 열매는 7~8월경에 긴 타원형으로 달리고 안에는 작은 종자들이 많이 들어 있다.

새우난초 _ 잎

새우난초 _ 종자 결실

석창포

학명 *Acorus gramineus* Sol.

과명 천남성과

개화 6~7월

열매 8~9월

생태적 특성

우리나라 남부 지방의 지리산, 내장산, 진도, 제주도 등지의 냇가나 골짜기에서 나는 상록성 여러해살이풀이다. 생육 환경은 햇볕이 잘 들며 공중 습도가 높은 바위나 반그늘의 냇가에서 자란다. 키는 10~30cm이고, 잎은 뿌리줄기 끝에서 나고 엷은 녹색 줄이 있으며 질기고 윤기가 나며 뭉쳐나고 가늘고 긴 모양이다. 뿌리는 옆으로 뻗어가며 자라고 마디가 많으며 뿌리줄기 밑부분에서 수염뿌리가 나고 지하에 묻힌 것은 흰색이고 땅으로 올라온 것은 녹색이다. 꽃은 연한 황색이고 꽃줄기 길이 잎과 비슷한 10~30cm, 너비 약 0.3~0.5cm이다. 열매는 8~9월에 녹색으로 원형으로 달린다. 종자 밑부분에는 털이 있다. 관상용이고 뿌리줄기는 약용한다.

석창포 _ 잎

석창포 _ 꽃

세뿔석위

학명 *Pyrrosia hastata* (Thunb.) Ching

과명 고란초과

개화 꽃이 피지 않음

열매 포자 번식

세뿔석위 _ 자생지

세뿔석위 _ 지상부

생태적 특성

기후가 온화한 남쪽 지역에 분포하며, 반그늘 혹은 볕이 약간 드는 공중습도가 높은 바위 위나 나무 줄기에 붙어서 산다.

상록성 여러해살이 양치식물이다. 잎은 길이 7~10cm, 너비 2~3cm이며 두껍고, 표면은 녹색, 뒷면에는 붉은빛이 도는 갈색 털이 빽빽이 나 있다. 토양이 마르거나 주변습도가 높지 않으면 가장자리가 뒤로 말린다. 잎몸은 쌍날 칼을 꽂은 창과 비슷한 모양으로 3~5개로 갈라진다. 뿌리줄기는 옆으로 뻗고 지름 0.4cm 내외이며 흑갈색 비늘조각으로 덮인다. 비늘조각은 피침형 또는 난상의 피침형이다. 포자는 잎 뒷면의 모든 부분에 붙는다.

세뿔석위 _ 잎

세뿔석위 _ 포자낭군

세잎양지꽃

학명 *Potentilla freyniana* Bornm.

과명 장미과

개화 3~5월

열매 6~7월

세잎양지꽃 _ 수술

세잎양지꽃 _ 꽃

생태적 특성

우리나라 전역의 산과 들에서 자라는 여러해살이풀이다. 생육 환경은 토양의 조건에 관계없이 햇볕이 많이 드는 곳에서 자란다. 키는 15~30cm이고, 잎은 길이 2~5cm, 너비 1~3cm이고 긴 타원형 또는 난형으로 표면은 녹색이고 뒷면은 맥 위에 잔털이 많이 나 있다. 꽃은 황색이며 지름 1~1.5cm로 끝이 오목하게 들어가는 원형으로 달린다. 열매는 6~7월경에 연갈색으로 달리며 안에는 지름 0.1cm 정도 되는 작은 종자가 들어 있다.

세잎양지꽃 _ 꽃대 올라오는 모습

세잎양지꽃 _ 잎

소엽맥문동

학명 *Ophiopogon japonicus* (L.f.) KerGawl.

과명 백합과

개화 5월

열매 10월

소엽맥문동 _ 꽃봉오리

소엽맥문동 _ 꽃

생태적 특성

우리나라 남부 지방의 산에서 자라는 여러해살이풀이다. 생육 환경은 풀숲의 반그늘 혹은 양지에서 자란다. 키는 7~12cm이고, 잎은 밑부분에서 뭉쳐나며 가늘고 긴 모양이고 길이 10~30cm, 너비 0.2~0.4cm로 끝이 둔하다. 꽃은 연한 자주색 또는 흰색으로 10송이 정도가 달리고, 작은 꽃줄기는 길이 1~3cm으로 열매는 9~10월경에 짙은 하늘색으로 둥글게 달린다. 관상용이다.

소엽맥문동 _ 잎

소엽맥문동 _ 열매

솜양지꽃

학명 *Potentilla discolor* Bunge

과명 장미과

개화 4~7월

열매 8~9월

솜양지꽃 _ 지상부

솜양지꽃 _ 꽃

생태적 특성

바닷가와 내륙의 양지에서 자란다. 지상부가 노출되어 햇볕이 잘 드는 산지의 풀밭에서 생육한다.

여러해살이풀로 키는 15~40cm로 비스듬히 자라며 털이 빽빽이 나 있다. 잎은 표면은 녹색으로 털이 없으나 뒷면은 흰 털로 덮여 있다. 뿌리잎은 모여나며 3~4쌍의 작은 잎이 있다. 잎자루가 길고 턱잎은 잎자루 밑부분에 붙어 있다. 줄기잎은 3개의 작은 잎으로 난상 타원형이며 가장자리에 톱니가 있다. 꽃은 4~8월에 노란색으로 피며 가지 끝에 취산꽃차례로 달린다. 꽃받침잎은 난형으로 겉에 털이 있고, 꽃잎은 5개, 수술과 암술은 많다. 열매는 수과로 8~9월에 갈색으로 익는다.

솜양지꽃 _ 꽃대

솜양지꽃 _ 잎

실고사리

학명 *Lygodium japonicum* (Thunb.) Sw.

과명 실고사리과

개화 꽃이 피지 않음

열매 포자 번식

생태적 특성

양치식물 가운데 유일한 덩굴성 여러해살이풀로 실엽과 영양잎이 아름답다. 잎은 잎자루가 마치 원줄기처럼 길게 자라 다른 물체를 감아 오르면서 길이 2m 내외로 자라며 잎처럼 보이는 우편이 어긋난다. 우편은 처음 한 쌍의 잔깃조각이 갈라지면 더 이상 자라지 않고 끝에 눈이 생기므로 엇갈려서 갈라지는 것같이 보인다. 줄기는 수미터에 달하고 혁질이다. 뿌리줄기는 땅 속에서 옆으로 뻗으며 광택이 나고, 지름은 0.2~0.3cm로 잎자루 밑부분과 더불어 검은색 털이 있다.

실고사리 _ 잎

실고사리 _ 덩굴줄기

애기똥풀

학명 *Chelidonium majus* var. *asiaticum* (H. Hara) Ohwi

과명 양귀비과

개화 5~8월

열매 9월

애기똥풀 _ 꽃봉오리

애기똥풀 _ 꽃

생태적 특성

전국의 산지와 동네 주변에서 자라는 두해살이풀이다. 생육 환경은 양지바른 곳 어디에서나 잘 자란다. 키는 30~80cm이고, 잎은 어긋나며 길이 7~15cm, 너비 5~10cm로 끝이 둥글고 가장자리에 둔한 톱니가 있다. 꽃은 황색으로 길이 1.2cm가량이고, 줄기 옆에서 나오고 꽃잎은 4장이며, 꽃봉오리 상태에서는 잔털이 나 있다. 열매는 9월경에 길이 3~4cm, 지름 0.2cm 정도의 좁은 원주형으로 달린다. 꽃줄기를 자르면 노란 액체가 뭉쳐 있는 것을 볼 수 있는데, 이 모양이 마치 애기의 똥과 같다고 하여 붙여진 이름이다.

애기똥풀 _ 잎

애기똥풀 _ 종자 결실

애기석위

학명 *Pyrrosia petiolosa* (Christ) Ching

과명 고란초과

개화 꽃이 피지 않음

열매 포자 번식

애기석위 _ 잎

애기석위 _ 포자

생태적 특성

상록성 여러해살이풀로 오래된 나무나 바위에서 자란다. 석위와 비슷하지만 보다 작고 잎몸에 비해 잎자루가 긴 것이 다르다. 영양잎의 잎자루는 길이 2~4cm이고 잎몸은 길이 3~4cm, 너비 0.5~1.8cm이며 난형으로 혁질이다. 포자엽의 잎자루는 길이 6~7.5cm, 너비 0.7~1.5cm이며 뒷면에 갈색을 띠는 별 모양의 털이 있고 그 속에 포자낭이 숨어 있다. 포자낭 무리는 둥글며 뒷면 전체에 달리고 포막은 없다. 뿌리줄기는 길게 옆으로 뻗으며 지름 0.1~0.3cm로서 비늘조각이 전체를 감싸고 비늘조각은 황갈색으로서 길이 0.3cm이며 피침형이고 가장자리에 긴 털이 있고 잎이 다닥다닥 달린다.

애기석위 _ 지상부

취약종
VU

약난초

학명 *Cremastra variabilis* (Blume) Nakai ex Shibata

과명 난초과

개화 5~6월

열매 7월

약난초 _ 잎

생태적 특성

내장산 이남 지역과 해안 및 도서 지역 또는 낙엽이 두껍게 쌓이고 습기가 있으며 반그늘진 낙엽수림의 하부에서 주로 자란다. 배수가 양호하고 비옥하며 유기물층이 발달한 습윤한 토양 조건을 가진 약간 경사진 지역에서 자란다.

상록성 여러해살이풀로 키는 꽃대 높이로 40cm 정도이고 줄기가 없다. 가짜 비늘줄기는 난상 원형이고 땅속으로 얕게 들어가며 옆으로 염주처럼 연결된다. 잎은 피침형에 가까운 긴 타원형으로 밑동과 끝이 뾰족하고 길이 20~40cm 정도이며 잎맥이 고르게 배열되어 있고 질긴 편이다. 잎 가장자리는 밋밋하고 긴 잎자루를 가지고 있다. 꽃은 5~6월에 연한 자줏빛이 도는 갈색으로 피고 15~20송이가 한쪽으로 치우쳐 밑을 향해 달린다. 열매는 삭과로 타원형이며 대가 없고 길이 2~2.5cm로 밑을 향한다.

약난초 _ 꽃

약난초 _ 종자 결실

양지꽃

학명 *Potentilla fragarioides* var. *major* Maxim.

과명 장미과

개화 4~6월

열매 6~7월

양지꽃 _ 꽃봉오리

양지꽃 _ 꽃

생태적 특성

우리나라 전국의 산과 들에 자라는 여러해살이풀이다. 생육 환경은 토질에 관계없이 햇볕이 잘 드는 곳에서 자란다. 키는 30~50cm이고, 잎은 길이 1.5~5cm, 너비 1~3cm로 여러 개가 나와 사방으로 퍼지며 양 끝이 좁고 양면에 털이 있으며 타원형이다. 꽃은 황색으로 지름 1.5~2cm이며 꽃받침 길이보다 1.5~2배 정도 길다. 열매는 길이 약 0.2cm 정도로 6~7월경에 달리고 털이 없으며 난형이다.

양지꽃 _ 새순

양지꽃 _ 종자 결실

얼레지

학명 *Erythronium japonicum* (Balrer) Decne.

과명 백합과

개화 4월

열매 6~7월

얼레지 _ 잎

얼레지 _ 종자 결실

생태적 특성

우리나라 전국의 높은 산에서 자라는 여러해살이풀로 구근 식물이다. 생육 환경은 반그늘로 물 빠짐이 좋은 비옥한 토질이어야 한다. 키는 20~30cm이고, 잎은 길이 6~12cm, 너비 2.5~5cm로 녹색 바탕에 자주색 무늬가 있으며 좁은 난형 또는 긴 타원형이다. 꽃은 자주색으로 두 장의 잎 사이에서 긴 1개의 꽃줄기가 나오고 상단부에 1송이의 꽃이 밑을 향해 달린다. 꽃잎은 6개이고 길이 5~6cm, 너비 0.5~1cm로 아침에는 꽃봉오리가 닫혀 있다가 햇볕이 들면 꽃잎이 벌어지는 데 소요되는 시간은 불과 10분 이내이며 오후로 가까워지면서 꽃잎이 뒤로 말린다. 꽃 안쪽에는 암자색 선으로 된 'W'자형 무늬가 선명하게 있다. 열매는 6~7월경에 갈색으로 변하고 타원형 또는 구형이며, 종자는 검은색으로 뒤에는 흰 액과 같은 것이 붙어 있는데, 씨방이 아래로 향해 있기 때문에 시기를 놓치면 쏟아지고 없다.

잎이 한 장과 두 장으로 나오는데, 한 장을 가진 잎은 개화하지 않는다. 간혹 잎이 한 장인 것에서 꽃대가 올라오는 것이 있지만 이는 다른 잎이 손상되어 나타나는 현상이다. 또한 종자 발아를 해서 생긴 알뿌리는 해마다 땅속 깊이 들어가는 특성을 보이는데, 많이 들어간 것은 30cm 정도이고 일반적으로 20cm가량은 들어가 있다. 1경 1화(1개의 구근에서 1송이의 꽃이 피는 것을 의미함)이다.

옥녀꽃대

학명 *Chlorantus fortunei* (A. Gray) Solms

과명 홀아비꽃대과

개화 4~5월

열매 7~8월

옥녀꽃대 _ 꽃봉오리

옥녀꽃대 _ 꽃

생태적 특성

우리나라 제주도와 남부 지방 숲에 사는 여러해살이풀이다. 생육 환경은 반그늘이나 양지에서 자라며 토양 비옥도가 좋은 곳에 자란다. 키는 15~40cm이고, 잎은 줄기 끝에 타원형으로 4장이 뭉쳐나고 녹색이며 가장자리에 톱니가 있고, 잎끝이 뾰족하다. 꽃은 흰색으로 4장의 잎 사이에서 꽃대가 올라오는데, 길이 20~25cm이며 전체에 털이 없고 가지는 갈라지지 않는다. 열매는 7~8월경에 노란색이 도는 녹색으로 둥글게 달린다. 처음 발견된 장소가 거제도 '옥녀봉'이어서 옥녀꽃대라고 한다. 몇 년 전까지만 해도 남도 지방에서는 이 꽃을 '홀아비꽃대' 혹은 꽃이 작고 잎이 크기 때문에 '과부꽃대'라고도 불렀다. 하지만 홀아비꽃대와는 분명한 차이가 있어 이제는 정정하여 '옥녀꽃대'로 부르고 있다. 종자가 익는 시기가 7~8월경인데, 종자가 결실되면 홀아비꽃대는 위로 솟구치지만 옥녀꽃대는 약 45~60도 정도 비스듬히 누워 있다. 그래서 종자가 익는 시기에도 구분이 가능한 꽃이다.

옥녀꽃대 _ 지상부

옥녀꽃대 _ 종자 결실

용둥굴레

학명 *Polygonatum involucratum* (Franch. & Sav.) Maxim.

과명 백합과

개화 5~6월

열매 8~9월

용둥굴레 _ 꽃

생태적 특성

여러해살이풀로 키는 20~60cm로서 윗부분은 모서리가 있으며 어느 정도 옆으로 기운다. 굵은 뿌리줄기가 뻗는다. 잎은 어긋나고 2줄로 배열되며 좁은 난형 또는 난상 타원형이고 길이 5~10cm, 너비 2.5~4cm로서 양 끝이 좁으며 짧은 잎자루가 있는 것도 있고 가장자리가 밋밋하며 표면은 녹색, 뒷면은 회백색이다. 꽃은 5~6월에 피고 잎겨드랑이에 2송이씩 달리며 백록색이고 길이 2.5cm로서 털이 없다. 수술은 6개이고 수술대는 편평하고 잔돌기가 있으며 꽃밥보다 약간 길다. 꽃밥은 길이 0.5cm이다. 열매인 장과는 둥글며 포에 싸여 검은빛 남색으로 익는다.

용둥굴레 _ 잎

용둥굴레 _ 열매

윤판나물

학명 *Disporum uniflorum* Baker

과명 백합과

개화 4~6월

열매 7~8월

윤판나물 _ 꽃봉오리

윤판나물 _ 꽃

생태적 특성

우리나라 중부 이남 지방에 자생하는 여러해살이풀이다. 생육 환경은 반그늘이 있는 토양이 비옥한 곳에서 자란다. 키는 30~60cm이고, 잎은 길이 5~15cm, 너비 1.5~4cm로 긴 타원형이고 끝이 뾰족하며 어긋난다. 꽃은 황색이며 길이 2cm 정도로 가지 끝에 1~3송이가 통 모양으로 아래를 향해 달린다. 열매는 검고 7~8월경에 길이 1cm 정도로 둥글게 달린다.

윤판나물 _ 새순

윤판나물 _ 종자 결실

은난초

학명 *Cephalanthera erecta* (Thunb.) Blume

과명 난초과

개화 5월

열매 7~8월

은난초 _ 꽃봉오리

은난초 _ 꽃

생태적 특성

우리나라 전국의 산과 들에 분포하는 여러해살이풀이다. 생육 환경은 물 빠짐이 좋은 반그늘 혹은 양지에서 자란다. 키는 40~60cm이고, 잎은 길이 3~8.5cm, 너비 1~2.5cm로 긴 타원형이고 끝이 뾰족하며 줄기를 감싸며 어긋난다. 꽃은 흰색으로 원줄기 끝에 3~10송이가 이삭과 같이 달린다. 열매는 7~8월경에 길이 약 2cm 정도로 달리고 안에는 작은 종자들이 많이 들어 있다.

은난초 _ 지상부

은난초 _ 종자 결실

일월비비추

학명 *Hosta capitata* (Koidz.) Nakai

과명 백합과

개화 6~7월

열매 9~10월

일월비비추 _ 꽃봉오리

일월비비추 _ 꽃

생태적 특성

우리나라 각처의 산에 자라는 여러해살이풀이다. 생육 환경은 토양에 부엽질이 풍부하며 비옥한 곳의 반그늘에서 자란다. 키는 50~60cm이며, 잎은 길이 10~16cm, 너비 5~8cm 정도로 넓은 난형이고 가장자리는 물결 모양이며, 잎자루는 길고 밑부분에 자주색 점이 있다. 꽃은 길이 4.5~5cm로 자주색이며, 옆을 향해 빽빽하게 달리고, 잎 중앙에서 꽃자루가 자라 끝에 꽃이 달리며 작은 꽃자루는 길이 0.5cm 정도이다. 열매는 9~10월경에 달리고 털이 없으며 길이 2.5~2.7cm이고, 종자는 검은색 날개가 있으며 편평하고 긴 타원형으로 길이 0.1cm 정도이다. 관상용이며, 어린 잎은 식용한다.

일월비비추 _ 잎

일월비비추 _ 종자 결실

점현호색

학명 *Corydalis maculata* B. U. Oh & Y. S. Kim

과명 현호색과

개화 4~5월

열매 6~7월

점현호색 _ 꽃봉오리

점현호색 _ 꽃

생태적 특성

우리나라 경기도 이남지역에서 자라는 여러해살이풀이다. 생육 환경은 반그늘 혹은 양지의 물 빠짐이 좋고 토양 비옥도가 높은 곳에서 자란다. 키는 8~25cm이고, 잎은 길이 3~13cm, 너비 3~16cm이며, 표면은 녹색이고 크고 뚜렷한 흰색 반점이 전체에 퍼져 있다. 꽃은 진한 청색이고 길이 2.4~3cm이며, 원줄기 끝에서 3~18송이가 뭉쳐서 달린다. 열매는 6~7월경에 길이 0.9~2.8cm, 너비 약 0.5cm로 달리고, 종자는 둥글고 광택이 난다.

점현호색 _ 꽃 피기 전

점현호색 _ 잎

졸방제비꽃

학명 *Viola acuminata* Ledeb.

과명 제비꽃과

개화 5~6월

열매 7~8월

졸방제비꽃 _ 지상부

졸방제비꽃 _ 꽃

생태적 특성

우리나라 각처의 산과 들에서 자라는 여러해살이풀이다. 생육 환경은 양지 혹은 반그늘에서 자란다. 키는 20~40cm이고, 잎은 길이 2.5~4cm, 너비 0.3~0.5cm로 어긋나고 줄기 윗부분의 잎은 너비가 길이보다 짧고 끝이 뾰족해지며 가장자리에 둔한 톱니가 있으며, 턱잎은 긴 타원형으로 빗살 모양의 톱니가 있다. 꽃은 흰색 또는 연한 자줏빛으로 원줄기 윗부분의 잎자루에서 옆을 향해 달리고 길이 5~10cm의 꽃줄기가 나온다. 열매는 7~8월경에 달리고 타원형으로 길이 0.8~1cm이며 털이 없다.

졸방제비꽃 _ 잎

졸방제비꽃 _ 종자 결실

죽대

학명 *Polygonatum lasianthum* Maxim.

과명 백합과

개화 5~6월

열매 8~9월

죽대 _ 새순

죽대 _ 지상부

생태적 특성

여러해살이풀로 산지 숲속이나 높은 지대의 풀밭에 자란다. 키는 30~70cm이고, 줄기는 곧추서나 상부는 비스듬히 올라간다. 뿌리줄기는 길게 옆으로 벋으며 흰색이다. 잎은 7~14장이 2줄로 어긋나며 좁고 긴 타원형 또는 넓은 타원형이고 길이 6~11cm, 너비 3~4cm이다. 꽃은 잎겨드랑이에서 난 길이 3~4.5cm의 꽃대 끝에 1~2송이씩 달리며 끝이 녹색을 조금 띤 흰색이다. 꽃부리는 동 모양으로 길이 2~2.5cm이고 끝이 얕게 6갈래로 갈라진다. 수술은 꽃부리 안쪽에 붙으며, 수술대는 아래쪽에 긴 털이 많다. 열매는 장과로 둥글고 흑자색으로 익는다.

죽대 _ 자생지

지네발란

학명 *Sarcanthus scolopendrifolius* Makino

과명 난초과

개화 6~7월

열매 10월

지네발란 _ 지상부

지네발란 _ 꽃

생태적 특성

남부 지역의 산지나 해안 지역의 건조해지기 쉬운 곳에 분포하며, 수직으로 깎인 건조한 바위나 나무껍질에 붙어 드물게 자란다.

상록성 여러해살이 착생식물이다. 줄기는 딱딱하고 가늘며 느슨하게 가지가 갈라진다. 잎은 2열로 어긋나고 피침형으로 길이 0.6~1cm이며 끝이 둔하고 혁질로 두꺼우며 표면에 홈이 있다. 꽃은 6~7월에 연한 홍색으로 피는데, 잎집을 헤치고 나오는 꽃대 끝에 1송이가 달린다. 꽃받침 소각은 긴 타원형이고 끝이 둔하며, 꽃잎은 꽃받침과 비슷하고 다소 짧으며 옆으로 퍼진다. 입술꽃잎은 꿀주머니가 있고 3갈래로 갈라지며, 옆 갈래 조각은 귀처럼 생기고 가운데 갈래 조각은 세모진 난형으로서 끝이 뭉툭하고 희다. 열매는 도란형이며 길이 0.6~0.7cm이고 대가 거의 없다.

지네발란 _ 열매

지네발란 _ 잎

진황정

학명 *Polygonatum falcatum* A.Gray

과명 백합과

개화 5월

열매 9~10월

진황정 _ 잎

진황정 _ 꽃

생태적 특성

여러해살이풀로 숲 가장자리에서 자란다. 키는 50~80cm이고, 원줄기의 단면이 둥글며 끝이 옆으로 비스듬히 자란다. 뿌리줄기는 둥굴레처럼 짧으며 굵고 마디가 있으며 가로로 뻗는다. 잎은 어긋나고 피침형 또는 좁은 피침형이고 길이 8~13cm, 너비 1~2.5cm이다. 잎 밑부분이 좁아져 원줄기에 달리며 끝이 점차 좁아지고 맥 위에 돌기가 약간 있다. 꽃은 5월에 피고 3~5송이, 때로는 1송이가 잎겨드랑이에 길이 2cm의 산형 또는 산방형으로 푸른빛이 도는 흰색으로 달린다. 수술은 9개이며 수술대에 털이 없다. 열매는 둥글며 검은빛 초록색으로 익고 밑으로 처진다.

진황정 _ 자생지

진황정 _ 열매

참나리

학명 *Lilium lancifolium* Thunb.

과명 백합과

개화 7~8월

열매 9~10월

참나리 _ 새잎 전개

참나리 _ 꽃

생태적 특성

우리나라 전역에서 자라는 여러해살이풀이다. 생육 환경은 토양은 산도가 중성에 가까운 pH 6.8 정도인 양지바른 곳에서 자란다. 키는 1~2m이고, 잎은 뾰족하며 길이 5~18cm, 너비 0.5~1.5cm로 줄기에서 잎이 나오는 곳에 짙은 갈색 주아(珠芽)가 달린다. 꽃은 짙은 황적색이고 길이 7~10cm이며 가지 끝과 원줄기 끝에 4~20송이가 밑을 향해 달린다. 꽃잎에는 흑자색 반점이 많으며 뒤로 말린다. 열매는 9~10월에 달리고 편평하다. 관상용이며 비늘줄기는 식용하거나 약용한다.

참나리 _ 주아

참나리 _ 종자 결실

참으아리

학명 *Clematis terniflora* DC.

과명 미나리아재비과

개화 7~9월

열매 9~10월

생태적 특성

미나리아재비과의 낙엽활엽 덩굴나무로 우리나라 중부 이남 지방과 일본, 중국 등지에 분포한다. 으아리보다 참으아리가 키가 조금 더 크며, 줄기가 분백색인 점이 다르다. 또 꽃이 피는 시기도 으아리가 늦봄부터 초여름에 피는 반면, 참으아리는 여름에 피므로 차이가 난다.

참으아리 _ 지상부

참으아리의 덩굴줄기는 가늘며, 어릴 때는 털이 있으나 크면서 사라진다. 갈색이 살짝 도는 흰색 뿌리가 사방으로 고르게 많이 자란다. 잎은 마주나고 작은잎은 3~7개로 이루어져 작은잎 여러 장이 잎자루 양쪽으로 나란히 줄지어 붙어 새의 깃털처럼 보이는 잎이 된다. 작은잎은 길이 3~10cm, 너비 2~4cm 크기의 난형으로 3~5개의 맥이 있다. 잎 가장자리는 밋밋하나 깊게 패이기도 하고, 잎자루가 있으며 이 잎자루가 덩굴손 역할을 한다.

꽃은 7~9월에 흰색으로 피는데, 원추꽃차례 또는 꽃 밑에서 또 각각 1쌍씩의 작은꽃자루가 나와 그 끝에 꽃이 1송이씩 달리는 취산꽃차례로 핀다. 많은 꽃이 피어 뒤덮이고 향기가 있다. 꽃잎처럼 보이는 것은 꽃받침으로 4개이며 길이는 1.2cm 정도이다. 수술과 암술은 많으며 긴 암술대에는 긴 털이 깃처럼 돋는다. 열매는 길이 7~10cm로 크기가 작고 익어도 터지지 않으며 잔털이 있다.

참으아리 _ 잎

참으아리 _ 열매

참취

학명 *Aster scaber* Thunb.

과명 국화과

개화 8~10월

열매 11월

참취 _ 꽃봉오리

참취 _ 꽃

생태적 특성

우리나라 각처의 산에서 자라는 여러해살이풀이다. 생육 환경은 반그늘이고 공중습도가 높으며 토양이 비옥한 곳에서 자란다. 키는 약 1~1.5m이고, 잎은 잎자루가 길고 심장형이며 길이는 9~24cm, 너비는 6~18cm로 거칠고 양면에 털이 나 있고 뿌리에서 나온 잎은 꽃이 필 때쯤 없어진다. 꽃은 흰색이고 지름은 1.8~2.4cm로 가지 끝과 원줄기 끝에 거의 편평하게 펼친 듯 피며 꽃줄기의 길이는 0.9~3cm이다. 열매는 11월경에 달리고 종자 끝에 달린 갓털은 검은색을 띤 흰색으로 길이는 약 0.4cm 정도이다.

참취 _ 잎

참취 _ 종자 결실

천문동

학명 *Asparagus cochinchinensis* (Lour.) Merr.

과명 백합과

개화 5~6월

열매 7~8월

천문동 _ 지상부

천문동 _ 꽃

생태적 특성

우리나라의 중부 이남 서해안 바닷가에 주로 분포하고, 중국의 중부, 서북, 양자강 유역 및 남방 각지에 분포한다.

덩굴성 여러해살이풀로 방추형의 덩이뿌리가 사방으로 퍼져 있으며, 원줄기는 1~2m까지 자란다. 잎처럼 생긴 가지는 선형이고 1개 또는 3개씩 모여나면서 활처럼 약간 굽는다. 꽃은 5~6월에 피는데, 잎겨드랑이에 1~3송이씩 담황색으로 피어 달린다. 덩이뿌리는 긴 방추형으로 조금 구부러져 있고 길이 5~15cm, 지름 0.5~2cm이다. 표면은 황백색 또는 옅은 황갈색으로 반투명하고 넓으며 고르지 않은 가로주름이 있고 더러는 회갈색의 외피가 남아 있는 것도 있다.

천문동 _ 덩이뿌리

천문동 _ 열매

콩짜개덩굴

학명 *Lemmaphyllum microphyllum* C. Presl

과명 잔고사리과

개화 꽃이 피지 않음

열매 포자 번식

콩짜개덩굴 _ 잎

콩짜개덩굴 _ 지상부

생태적 특성

우리나라 제주도를 비롯한 남부 지방과 섬 지역, 대둔산, 태백산 등지에서 자라는 상록성 여러해살이풀으로 난대성 양치류에 속한다. 생육 환경은 공중 습도가 높거나 주변 습도가 높은 곳의 바위나 나무에 붙어 자란다. 잎은 길이 1~2cm, 너비 0.6~1.5cm로 타원형이며 잎몸 밑부분은 마디가 있으며 인편이 많고, 포자낭이 달리는 포자 잎은 주걱 모양으로 길이 2~4cm, 너비 0.3~0.4cm 정도로 끝이 둥글며 밑부분이 좁아지고 양쪽에 포자낭이 달린다. 줄기는 황갈색으로 뿌리줄기 부분은 둥글고 불규칙하게 가지가 갈라진다. 관상용이며 뿌리줄기를 포함한 전초는 약용한다.

콩짜개덩굴 _ 포자 맺힌 모습

콩짜개덩굴 _ 포자

큰까치수염

학명 *Lysimachia clethroides* Duby

과명 앵초과

개화 6~8월

열매 9~10월

큰까치수염 _ 잎

큰까치수염 _ 꽃

생태적 특성

우리나라 각처의 산에서 흔히 자생하는 여러해살이풀이다. 생육 환경은 양지 혹은 반그늘에서 자란다. 키는 50~100cm이고, 잎은 길이 6~14cm, 너비 2~5cm로 끝이 뾰족하고 어긋난다. 꽃은 흰색으로 원줄기 끝에서 한쪽으로 파도 물결처럼 아래에서 위쪽을 올라가며 작은 꽃들이 뭉쳐 핀다. 열매는 9~10월경에 달리며 둥글고 너비 0.3cm 정도이다. 관상용이며 어린잎은 식용한다.

큰까치수염 _ 줄기

큰까치수염 _ 종자 결실

큰꽃으아리

학명 *Clematis patens* C. Morren & Decne.

과명 미나리아재비과

개화 5~6월

열매 9~10월

큰꽃으아리 _ 꽃봉오리

큰꽃으아리 _ 꽃

생태적 특성

우리나라 각처의 해발 100~850m 지역에서 자라는 낙엽성 활엽 만경목이다. 생육 환경은 반그늘과 토양이 거름지고 습기가 많지 않은 곳에서 자란다. 키는 2~4m이고, 잎은 가장자리는 밋밋하고 표면에 털이 없으며 뒷면에 잔털이 있고 길이 4~10cm 정도이다. 꽃은 흰색으로 지름 10~15cm이고 가지 끝에 한 송이씩 달리고 꽃잎 끝은 뾰족하다. 암술과 수술은 여러 개인데, 수술대는 편평하고 암술대는 끝부분에 가는 털이 두 개 있다. 열매는 9~10월에 익고 암술대가 그대로 달려 있다.

큰꽃으아리 _ 잎

큰꽃으아리 _ 종자 결실

큰천남성

학명 *Arisaema ringens* (Thunb.) Schott

과명 천남성과

개화 5월

열매 9월

큰천남성 _ 새순

큰천남성 _ 꽃

생태적 특성

우리나라 남도의 계곡이나 남쪽 섬에서 자생하는 여러해살이풀이다. 생육 환경은 반그늘이며 토양의 비옥도가 높은 곳에서 자란다. 키는 15~20cm이고, 잎은 15~25cm 정도이며 잎 전면은 광택이 많이 나는 녹색이고 뒷면은 흰 빛이 돈다. 작은 잎은 3장으로 넓은 난형이고 길이 8~30cm, 너비 4~10cm 정도이다. 꽃은 녹색으로 안쪽은 흑자색이고 뒤쪽은 녹색 줄이 많이 있다. 열매는 9월에 빨갛게 달린다.

큰천남성 _ 잎

큰천남성 _ 종자 결실

파드득나물

학명 *Cryptotaenia japonica* Hassk.

과명 산형과

개화 6~7월

열매 8~9월

파드득나물 _ 새잎

파드득나물 _ 꽃

생태적 특성

여러해살이풀로 키는 30~60cm이며 줄기에 털이 없고 독특한 향기가 있으며 곧게 자란다. '반디나물' 또는 '참나물'이라고도 하여 아주 향기롭고 상쾌한 맛이 있는 산나물이다. 작은잎은 난형 또는 긴 타원형이며 길이 3~8cm, 너비 2~6cm로서 양 끝이 좁고 가장자리에 불규칙하고 예리한 톱니가 있다. 잎의 표면은 짙은 녹색이며 뒷면이 표면보다 윤이 난다. 6~7월에 원줄기 끝과 윗부분의 잎겨드랑이에서 겹산형꽃차례가 발달하고 꽃자루는 1~4개이며 흰 꽃이 핀다. 열매는 털이 없으며 길이 0.3~0.4cm로서 타원형이고 검게 익는다.

파드득나물 _ 잎

파드득나물 _ 열매

하늘말나리

학명 *Lilium tsingtauense* Gilg

과명 백합과

개화 7~8월

열매 9~10월

하늘말나리 _ 꽃봉오리

하늘말나리 _ 꽃

생태적 특성

우리나라 전역에서 자라는 여러해살이풀이다. 생육 환경은 반그늘이고 부엽질이 많은 토양이나 모래 성분이 많은 토양에서 자란다. 키는 1m 정도이고, 잎은 크게 돌려나는 잎이 줄기 중앙에 6~12개씩 달리고, 타원형으로 뾰족해진 끝과 점차적으로 좁아진 밑부분이 직접 원줄기에 달려 있다. 작게 어긋나는 줄기 윗부분에 달리는데 길이 9cm, 너비 2cm 정도 되지만 위로 올라갈수록 작아진다. 꽃은 황적색 바탕에 자주색 반점이 많이 있고, 지름 4cm 정도이고 원줄기 끝과 곁가지 끝에 1~3송이의 꽃이 위를 향해 달린다. 열매는 9~10월에 익으며 편평하다. 관상용이며 어린잎의 줄기와 비늘줄기는 식용한다.

하늘말나리 _ 잎

하늘말나리 _ 종자 결실

할미꽃

학명 *Pulsatilla koreana* (Yabe ex Nakai) Nakai ex Mori

과명 미나리아재비과

개화 4~5월

열매 5~6월

할미꽃 _ 꽃봉오리

할미꽃 _ 꽃

생태적 특성

우리나라 제주도를 제외한 전국의 각처에서 자라는 여러해살이풀이다. 생육 환경은 양지바른 곳의 토양이 중성화 된 곳에서 자란다. 키는 30~40cm이고, 잎은 길이 30~40cm로 새의 깃 모양으로 깊게 2~3갈래로 갈라지며 전체에 긴 흰 털이 빽빽하여 흰빛이 돌지만 표면은 짙은 녹색이고 털이 없다. 꽃은 붉은색으로 길이 3cm 정도이며 잎 끝에서 올라온 줄기 끝에 한 송이가 긴 종 모양으로 달린다. 꽃잎 겉 표면은 잔털이 많이 나 있고 안쪽은 검붉은 자주색이다. 열매는 5~6월경에 익으며 긴 난형이고 겉에는 가는 흰색 털이 있으며 아래쪽에 검은색의 종자가 붙어 있다.

할미꽃 _ 새순

할미꽃 _ 씨앗

현호색

학명 *Corydalis remota* Fisch. ex Maxim

과명 현호색과

개화 4~5월

열매 6~7월

현호색 _ 새순

현호색 _ 꽃

생태적 특성

우리나라 각처의 산과 들에 나는 여러해살이풀이다. 생육 환경은 양지 혹은 반그늘의 물 빠짐이 좋고 토양이 비옥한 곳에서 자란다. 키는 20cm 정도이고, 잎은 표면이 녹색, 뒷면이 회백색을 띠며 어긋난다. 꽃은 연한 홍자색이며 길이 2.5cm 정도로 5~10송이가 원줄기 끝에 뭉쳐서 달린다. 열매는 6~7월경에 길이 2cm, 너비 0.3cm 정도로 달리고, 종자는 광택이 나고 검은색이다.

현호색 _ 잎 전개되는 모습

현호색 _ 종자 결실

혹난초

학명 *Bulbophyllum inconspicuum* Maxim.

과명 난초과

개화 6~7월

열매 10월

흑난초 _ 자생지

흑난초 _ 꽃

생태적 특성

남쪽 섬 지역의 상록활엽수가 교목층으로 분포하고 공중습도가 높은 지역의 응달진 바위나 오래된 나무줄기에 붙어 자란다.

상록성 여러해살이풀로 가늘고 길게 뻗어나가는 뿌리줄기가 있으며, 뿌리줄기의 곳곳에 보리쌀과 같이 생긴 가짜 덩이줄기가 생겨난다. 잎은 육질이며 두껍고 긴 타원형이다. 끝이 둥글거나 오목하고 주맥이 뚜렷하며, 길이 1~3.5cm, 너비 0.6~0.8cm로 7~9매이 있다. 꽃은 6~7월에 황백색으로 피고 가짜 덩이줄기 기부에서 나온 꽃대 끝에 1~3송이가 달린다. 포는 긴 타원형으로 길이 약 0.2cm이고 얇은 막질이다. 꽃받침 조각은 난상 타원형이고, 꽃잎은 중앙부의 꽃받침과 거의 같고 가장자리에 털이 있다. 입술 꽃잎은 난형으로 두껍고 암술대 기부에서 나온 돌기 끝에 달리며 윗부분이 젖혀진다. 열매는 삭과로 도란형이고 길이 약 0.7cm이다.

흑난초 _ 잎

버섯 100종

가랑잎꽃애기버섯
가시갓버섯
갈색균핵술잔버섯
갈색꽃구름버섯
갓그물버섯
개암버섯
고깔갈색먹물버섯
고무버섯
곰보버섯
귀버섯
균핵꼬리버섯
그물버섯아재비
금관버섯
기와버섯
긴대밤그물버섯
긴뿌리포식동충하초
긴송곳버섯
까치버섯
깔때기버섯
꾀꼬리버섯
끈적끈끈이버섯
난버섯
낭상체버섯
넓은큰솔버섯
노란각시버섯
노란난버섯
노란턱돌버섯
노랑느타리
노란무당버섯
노린재포식동충하초
느타리
능이
다색벚꽃버섯
털화경버섯
덧부치버섯
들주발버섯
땅비늘버섯
땅찌만가닥버섯
마귀곰보버섯
마귀광대버섯
말불버섯
말징버섯
맑은애주름버섯
망태말뚝버섯
먹물버섯
명아주개떡버섯
목이
민자주방망이버섯
밀꽃애기버섯
바늘땀버섯
배젖버섯
버터철쭉버섯
복분자버섯
분홍느타리
불로초(영지)
붉은덕다리버섯
붉은사슴뿔버섯
붉은싸리버섯
비늘버섯
뽕나무버섯
뽕나무버섯부치
뿔나팔버섯
삼색도장버섯
삿갓외대버섯
색시졸각버섯
소나무능이
송이
싸리버섯
아까시흰구멍버섯
양송이
어리알버섯
오징어새주둥이버섯
요강주발버섯
잎새버섯
자작나무시루뻔버섯
자주졸각버섯
잔나비버섯
잔나비불로초
잿빛만가닥버섯
적갈색애주름버섯
젖버섯
족제비눈물버섯
좀벌집구멍장이버섯
주름버섯
찹쌀떡버섯
큰갓버섯
털목이
파리버섯
팽나무버섯(팽이)
풀버섯
하늘색깔때기버섯
황갈색먹물버섯
황소비단그물버섯
회색두엄먹물버섯
흑얼룩배꼽버섯
흑자색그물버섯
흰굴뚝버섯
흰달걀버섯
흰목이
흰비단털버섯

● 식용버섯 ● 약용버섯 ● 독버섯 ● 불명버섯

가랑잎꽃애기버섯

학명 *Gymnopus peronatus* (Bolton) Gray

분류 꽃애기버섯속 Gymnopus | 화경버섯과 Omphalotaceae | 주름버섯목 Agaricales | 주름버섯강 Agaricomycetes | 담자균문 Basidiomycota

구분 불명버섯

가랑잎꽃애기버섯 _ 편평형인 갓 중앙부

가랑잎꽃애기버섯 _ 성근 주름살을 가진 자실층

형태적 특성 갓은 지름이 1.2~4cm 정도이며, 처음에는 반구형이나 성장하면서 편평형이 되고, 나중에는 가운데가 들어간다. 갓 표면은 습할 때 가장자리로 방사상의 선이 보이고, 황갈색 또는 암갈색이다. 조직은 얇고 질기며 매운맛이 난다. 주름살은 끝붙은주름살형 또는 완전붙은주름살형이며 성글고 연한 황색 또는 연한 갈색이다. 대는 2~6cm 정도이며, 원통형으로 위아래 굵기가 비슷하고, 표면은 연한 황갈색을 띠며, 아래쪽에는 연한 황색의 털이 빽빽하게 나 있다. 포자문은 백색이며, 포자 모양은 긴 타원형이다.

| 발생 시기 및 장소 | 여름부터 가을 사이에 낙엽이 많이 부식된 땅 위에 무리 지어 발생하며 낙엽분해성 버섯이다.

가랑잎꽃애기버섯 _ 방사상의 선이 있는 갓 표면

가랑잎꽃애기버섯 _ 무리 지어 발생한 모습

가시갓버섯(속명 신칭)

학명 *Echinoderma asperum* (Pers.) Bon

분류 가시갓버섯속 Echinoderma | 주름버섯과 Agaricaceae | 주름버섯목 Agaricales | 주름버섯강 Agaricomycetes | 담자균문 Basidiomycota

구분 불명버섯

가시갓버섯 _ 암갈색 소돌기가 산재한 갓 표면

가시갓버섯 _ 약간 빽빽한 주름살

형태적 특성 갓은 지름이 6.5~10cm이고, 모양은 성장 초기에는 원추형 또는 난형, 성장하면 중앙볼록편평형으로 된다. 표면은 건성이고 황갈색 또는 적갈색이며, 직립의 암갈색 소돌기가 산재해 있으나 쉽게 탈락된다. 조직은 백색이고 얇으나 중앙 부위는 약간 두꺼우며 담갈색이고, 상처를 입어도 변색하지 않는다. 향기는 불분명하거나 일반적인 버섯 냄새가 나며, 맛은 부드럽다. 주름살은 대에 떨어진주름살이고 약간 빽빽하며, 간격은 다소 넓고 백색이다. 주름살날은 평활하다. 대는 길이가 5.5~11cm로 원통형이고, 상하 굵기가 비슷하며 상부 쪽이 다소 가늘다. 초기에는 전 표면에 섬유상 양모로 밀포되어 있으며, 상부는 백색의 양모, 섬유상 면모로 피복되어 있고, 하부 쪽은 점차 황토색 또는 등황갈색을 띠며 성숙 후에는 대부분 소실된다. 속은 초기에는 차 있으나 성장하면 비어 있다. 대의 상부에 황토색의 내피막 잔유물이 부착되어 분명한 턱받이 흔적이 나타난다. 포자 모양은 방추형이고 무색이며, 포자문은 맑은 황백색이다.

| 발생 시기 및 장소 | 가을에 활엽수림과 침엽수림 내의 습한 부식토에서 흩어져 나거나 무리 지어 발생한다.

가시갓버섯 _ 원추형의 성장 초기 자실체

가시갓버섯 _ 흩어져 발생한 모습

갈색균핵술잔버섯

학명 *Dumontinia tuberosa* (Bull.) L. M. Kohn

분류 균핵술잔버섯속 Dumontinia | 균핵버섯과 Sclerotiniaceae | 고무버섯목 Helotiales | 두건버섯강 Leotiomycetes | 자낭균문 Ascomycota

구분 불명버섯

갈색균핵술잔버섯 _ 갈색의 자실체

갈색균핵술잔버섯 _ 주발형, 깔때기형의 자실체

형태적 특성 균핵은 땅속에 생기고, 모양은 원형 또는 불규칙한 괴상이며, 표면은 검은색을 띠고 내부는 백색을 띤다. 균핵의 지름은 1~4cm, 외피층은 2~4개층의 세포로 되어 있고 암갈색을 띠며, 외벽은 두껍고 멜라닌을 침착한다. 이 균핵에서 발생하는 대는 지름 0.2cm 내외, 길이는 2~10cm에 달하고, 대 기부의 균핵 부근에 털이 있고 토양입자를 부착한다. 자낭반의 지름은 1~3cm이고 모양은 주발형, 깔때기형이며, 호박색 또는 어두운 계수나무색을 띤다. 자낭 내에 8개의 자낭포자를 형성하며, 포자 모양은 타원형이고 무색을 띤다. 측사는 사상형으로 너비는 1.5~2μm이며 선단은 조금 부풀고, 격막이 있다.

| 발생 시기 및 장소 | 3월에 바람꽃류(Genus Anemone) 식물이 개화할 무렵, 이들의 군락지에 무리 지어 발생하는 버섯이다. 최근에는 생태공원에 조성된 바람꽃 군락지에서 흔하게 볼 수 있는 버섯이다.

갈색균핵술잔버섯 _ 술잔 모양의 자실체

갈색균핵술잔버섯 _ 무리 지어 발생한 모습

갈색꽃구름버섯

학명 *Stereum ostrea* (Blume & T. Nees) Fr.

분류 꽃구름버섯속 Stereum | 꽃구름버섯과 Stereaceae | 무당버섯목 Russulales | 주름버섯강 Agaricomycetes | 담자균문 Basidiomycota

구분 불명버섯

갈색꽃구름버섯 _ 고리 무늬가 있는 갓 표면

갈색꽃구름버섯 _ 부채형의 자실체

형태적 특성 갓은 지름이 1~7cm, 두께가 0.1~0.2cm 정도이며, 매우 얇은 부채형이다. 반배착생으로 기주에 넓게 부착하여 선반형이 된다. 표면은 부드럽고, 회백색 또는 적갈색, 검은 갈색 등의 털이 동심원상으로 늘어선 고리 무늬가 있는데, 털이 있는 부분과 털이 없는 부분이 번갈아 있다. 노숙하면 털은 탈락한다. 조직은 단단하고 질기다. 아랫면의 자실층은 갈색 또는 연한 황갈색이며, 액체를 분비하는 백색의 균사가 있다. 포자문은 백색이고, 포자 모양은 긴 타원형이다.

| 발생 시기 및 장소 | 1년 내내 활엽수의 고목, 부러진 가지, 그루터기 위에 무리 지어 발생하며, 부생생활을 한다.

갈색꽃구름버섯 _ 무리 지어 발생한 모습

갈색꽃구름버섯 _ 고목이나 부러진 가지에 발생한다.

갓그물버섯

학명 *Pulveroboletus ravenelii* (Berk. & M. A. Curtis) Murrill

분류 갓그물버섯속 Pulveroboletus | 그물버섯과 Boletaceae | 그물버섯목 Boletales | 주름버섯강 Agaricomycetes | 담자균문 Basidiomycota

구분 독버섯

갓그물버섯 _ 어린 자실체

갓그물버섯 _ 끈적거리는 갓 표면

형태적 특성 갓은 지름이 3~10cm 정도로 둥근 산 모양에서 성장하면서 편평한 모양으로 된다. 갓 표면은 조금 끈적거리며 노란색의 가루로 덮여 있고, 가운데는 약간 갈색을 띤다. 조직은 백색 또는 황색이나 상처를 입으면 청색으로 변한다. 관공은 끝붙은관공형으로 황색에서 검은 갈색으로 된다. 대의 길이는 3~10cm 정도이며, 속은 조직으로 차 있으며, 표면은 노란색의 가루로 덮여 있다. 노란색의 거미집 막으로 덮였다가 대 위쪽에 턱받이만 남고 나중에 없어진다. 포자문은 황록색이며, 포자 모양은 긴 방추형이다.

| 발생 시기 및 장소 | 여름부터 가을 사이에 활엽수림, 침엽수림의 땅에 홀로 또는 흩어져서 발생하며, 외생균근성 버섯이다.

갓그물버섯 _ 거미집 형태의 내피막

갓그물버섯 _ 노란색의 가루로 덮인 자실체

개암버섯

학명 *Hypholoma lateritium* (Schaeff.) P. Kummer

분류 개암버섯속 Hypholoma | 포도버섯과 Strophariaceae | 주름버섯목 Agaricales | 주름버섯강 Agaricomycetes | 담자균문 Basidiomycota

구분 식용버섯

개암버섯 _ 어린 자실체

개암버섯 _ 내피막 잔유물이 소실된 성숙한 자실체

형태적 특성 갓은 지름이 3~8cm 정도이며, 처음에는 반구형이나 성장하면서 편평형이 되며, 갓 가장자리에 백색의 섬유질상 내피막 잔유물이 있으나 성장하면서 소실된다. 갓 표면은 갈황색 또는 적갈색이며 습할 때 점성이 있고, 갓 주변부는 연한 색이며 백색의 섬유상 인편이 있다. 조직은 비교적 두꺼우며 황백색이다. 주름살은 완전붙은주름살형이며 약간 빽빽하고, 초기에는 황백색이나 차차 황갈색을 거쳐 자갈색이 된다. 대의 길이는 5~15cm 정도이며 위아래 굵기가 비슷하거나 다소 아래쪽이 굵다. 대의 위쪽은 연한 황색이고 아래쪽은 황적갈색이며, 섬유상 인편이 빽빽이 피져 있다. 대 속은 성장하면서 비어간다. 턱받이는 없다. 포자문은 자갈색이며, 포자 모양은 타원형이다.

| 발생 시기 및 장소 | 늦가을에 죽은 나무 그루터기에 뭉쳐 무리 지어 발생하며 목재부후성 버섯이다.

개암버섯 _ 갓 주변부의 백색 섬유상 인편

개암버섯 _ 대 위쪽은 연황색, 기부는 황적갈색이다.

고깔갈색먹물버섯

학명 *Coprinellus disseminatus* (Pers.) J. E. Lange

분류 갈색먹물버섯속 Coprinellus | 눈물버섯과 Psathyrellaceae | 주름버섯목 Agaricales | 주름버섯강 Agaricomycetes | 담자균문 Basidiomycota

구분 불명버섯

고깔갈색먹물버섯 _ 무리 지어 발생하는 어린 자실체

고깔갈색먹물버섯 _ 종형의 갓 모습

형태적 특성 갓은 지름이 1~2cm 정도이며, 처음에는 난형이나 성장하면서 종형을 거쳐 편평형이 된다. 갓 표면은 백색이고, 가운데는 연한 홍색 또는 회백색이다. 백색의 인편이 있고, 가장자리에는 홈선이 있으며, 갓 표면은 완전히 성숙한 후에는 자흑색으로 변하면서 액화하여 없어진다. 조직은 얇고 회백색이다. 주름살은 끝붙은주름살형이며 성글고, 처음에는 백색이나 성장하면서 자갈색을 띤다. 대의 길이는 1~4cm 정도이고, 위아래 굵기가 비슷하며 백색이다. 초기에 백색의 미세한 털로 덮여 있으나 점차 소실된다. 대의 속은 비어 있다. 포자문은 흑갈색이며, 포자 모양은 타원형이다.

| 발생 시기 및 장소 | 봄부터 가을 사이에 썩은 활엽수의 그루터기, 고목에 뭉쳐서 무리 지어 발생한다.

고깔갈색먹물버섯 _ 포자 형성 시 검게 변하는 주름살

고깔갈색먹물버섯 _ 무리 지어 발생한 모습

고무버섯

학명 *Bulgaria inquinans* (Pers.) Fr.

분류 고무버섯속 Bulgaria | 고무버섯과 Bulgariaceae | 두건버섯목 Leotiales | 두건버섯강 Leotiomycetes | 자낭균문 Ascomycota

구분 식용버섯

고무버섯 _ 접시 모양의 윗면

고무버섯 _ 무리 지어 발생하는 어린 자실체

형태적 특성 자실체는 지름이 1~3cm 정도이고, 성장 초기에는 팽이 모양이며 기부 쪽으로 점점 좁아진다. 전체 모양은 원형 또는 유원형이고 종종 무리 지어 발생하며, 일그러진 타원형으로 자라기도 한다. 성장하면 정단부가 넓어져 접시 모양을 이루기도 한다. 자실층은 윗면이 검고 편평하다. 하단은 비듬상 인피가 있으며 연한 갈색 또는 흑갈색을 띤다. 조직은 젤라틴질이고 고무처럼 강한 탄성이 있으며 황토색을 띤다. 대 없이 기주의 표피에서 직접 발생한다. 자낭포자는 넓은 타원형이며 연한 갈색이다.

| 발생 시기 및 장소 | 초여름부터 가을까지 참나무류의 활엽수 고사목이나 그루터기에서 목재를 썩히며 무리 지어 발생한다.

고무버섯 _ 대가 없이 기주의 표피에서 발생하는 모습

곰보버섯

학명 *Morchella esculenta* (L.) Pers.

분류 곰보버섯속 Morchella | 곰보버섯과 Morchellaceae | 주발버섯목 Pezizales | 주발버섯강 Pezizomycetes | 자낭균문 Ascomycota

구분 식용버섯

곰보버섯 _ 종 모양의 어린 자실체

곰보버섯 _ 호두껍데기 모양의 머리

형태적 특성 자실체는 키가 5~14cm, 지름이 3~5cm로서 중형 버섯이다. 머리 부분인 갓은 넓은 난형이며 그물 모양이고, 파인 것처럼 보이는 불규칙한 홈이 있다. 또한 갓은 대의 절반 이상을 덮고 있으며, 아래쪽의 갓은 대에 부착되어 있다. 자실층은 갓의 표면인 홈에 고루 분포되어 있다. 조직은 백색 또는 황토색이고 다소 탄력성이 있다. 대의 길이는 4~10cm, 굵기는 2~4cm 정도이며 원통형이고 기부쪽이 굵다. 대의 표면은 불분명한 주름이 있으며 백색을 띤다. 머리부터 기부까지의 속은 비어 있다. 자낭포자는 타원형이다.

| 발생 시기 및 장소 | 봄에 숲속이나 나뭇가지가 많은 곳에서 식물과 공생생활을 하는 균근성 버섯이다.

곰보버섯 _ 속이 빈 대

곰보버섯 _ 자실체의 절반을 차지하는 갓

귀버섯

학명 *Crepidotus mollis* (Schaeff.) Staude

분류 귀버섯속 Crepidotus | 땀버섯과 Inocybaceae | 주름버섯목 Agaricales | 주름버섯강 Agaricomycetes | 담자균문 Basidiomycota

구분 불명버섯

귀버섯 _ 어린 자실체

귀버섯 _ 주름살이 백색인 자실체

형태적 특성 자실체는 지름이 1~5cm 정도로 부채형이다. 갓 표면은 초기에 백색이나 성장하면서 연한 황갈색 또는 갈색이 되고 편평하고 매끄러우며, 습하면 점성을 가진다. 주름살은 내린주름살형이고 빽빽하며, 백색에서 갈색으로 변한다. 조직은 백색이며 얇아서 쉽게 부서진다. 대는 거의 없고 갓이 직접 기주에 부착되어 있다. 포자문은 황갈색이며, 포자 모양은 타원형이다.

발생 시기 및 장소 여름부터 가을 사이에 활엽수림의 고사목에 무리 지어 발생하며 나무를 분해하는 부후성 버섯이다.

귀버섯 _ 초기에 백색인 갓

귀버섯 _ 무리 지어 발생한 모습

균핵꼬리버섯

학명 *Scleromitrula shiraiana* (Henn.) S. Imai

분류 균핵꼬리버섯속 Scleromitrula | 자루접시버섯과 Rutstroemiaceae | 고무버섯목 Helotiales | 두건버섯강 Leotiomycetes | 자낭균문 Ascomycota

구분 불명버섯

균핵꼬리버섯 _ 어린 자실체

균핵꼬리버섯 _ 얇고 가는 대

형태적 특성

균핵은 지상에 떨어진 오디에 부착하여 생긴다. 밑부분은 오목한 모양이고, 흑갈색의 윗면은 둥글고 단단하며, 내부에는 균핵꼬리버섯의 균사체가 있다. 1개의 균핵에서 1개 또는 여러 개의 자낭과가 생기고, 두부와 이것을 받드는 대로 이루어져 있다. 두부는 원통형, 방추형, 장란형이고 선단은 종종 뾰족하다. 표면에는 종으로 갈라진 선이 있고 상단부로 가면서 합치하며, 두부 전 표면에 자실층이 형성되어 있다. 대의 길이는 6cm 내외로 담갈색, 갈색을 띠며 기부 쪽이 다소 가늘고, 균사모가 있다. 자낭은 원통형 또는 곤봉형으로 아래쪽으로 좁아지는 형이며, 8개의 자낭포자를 만든다.

| 발생 시기 및 장소 | 3~5월에 1개의 균핵에서 하나 또는 여러 개의 개체가 생긴다. 산뽕나무 또는 뽕나무 주변 숲속에서 발생한다. 산뽕나무, 뽕나무 오디를 감염시켜 미라로 만든 후 오디에 자생하는 병원균성 버섯이다. 감염된 오디는 과육이 부풀면서 회백색으로 변색되어 팝콘처럼 변한다. 팝콘 형태의 오디는 지상부로 떨어진 후 월동기간 동안 딱딱한 검은색 균핵으로 변하였다가 월동한 균핵으로부터 방망이 모양의 자낭반이 형성된다.

균핵꼬리버섯 _ 원통형, 곤봉형의 자낭

균핵꼬리버섯 _ 오디에 자생하는 모습

그물버섯아재비

학명 *Boletus reticulatus* Schaeff.

분류 그물버섯속 Boletus | 그물버섯과 Boletaceae | 그물버섯목 Boletales | 주름버섯강 Agaricomycetes | 담자균문 Basidiomycota

구분 식용버섯

형태적 특성 갓은 지름이 3~12cm로 성장 초기의 모양은 반구형이나 성숙하면 반반구형 또는 편평형으로 되며, 표면은 불규칙하게 울퉁불퉁하다. 건성이나 습할 때는 약간 점성이 있으며, 초기에는 암자색이나 성장하면 색이 열어지고 황색, 올리브색, 올리브갈색의 반점이 나타난다. 조직은 두껍고 백색이나 후에 옅은 황색 또는 옅은 황갈색으로 되며, 상처를 입어도 변하지 않는다. 맛과 향기는 부드럽다. 관공은 대에 홈관공형으로, 초기에는 백색이나 성숙하면 황색 또는 황갈색으로 변한다. 관공구는 작고 원형이며, 초기에는 백색 균사로 싸여 있으나 성장하면 관공구가 나타나고, 황색 또는 황갈색으로 된다. 대는 4.5~11cm로 원통형이며, 상하의 굵기가 비슷하거나 종종 하부 쪽이 굵다. 표면은 건성이고 암자갈색이며, 땅속에 있는 기부는 백색이고 특히 상부 또는 전면에 백색 또는 담자색의 돌출된 종으로 길게 늘어난 망목이 현저하다. 포자문은 올리브갈색이며, 포자 모양은 유방추형이며 평활하다.

| 발생 시기 및 장소 | 여름에서 가을 사이에 활엽수림 또는 참나무류와 소나무류의 혼합림 내의 지상에 2~4개씩 무리 지어 또는 홀로 발생하며, 균근형성균이다.

그물버섯아재비 _ 하부 쪽이 굵은 경우도 있다.

그물버섯아재비 _ 성숙한 자실체의 황갈색의 관공

그물버섯아재비 _ 단생하는 자실체

금관버섯

학명 *Baorangia pseudocalopus* (Hongo) G. Wu & Zhu L. Yang

분류 금관버섯속 Baorangia | 그물버섯과 Boletaceae | 그물버섯목 Boletales | 주름버섯강 Agaricomycetes | 담자균문 Basidiomycota

구분 독버섯

형태적 특성

갓은 지름이 4.5~16.5cm로 반구형 또는 반반구형이고, 갓 끝은 안쪽으로 말려 있으나 성장하면 반반구형이거나 편평하게 펴진다. 표면은 건성이고 평활하거나 약간 면모상이며, 성장하면 종종 귀열상으로 갈라진다. 적갈색, 황갈색 또는 담적갈색, 담황적색을 띤다. 조직은 두껍고 육질이며 담황색이나 상처를 입으면 청변한 후 시간이 경과하면 회색으로 퇴색된다. 미성숙한 것은 거의 청변하지 않거나 담청색을 띤다. 성숙한 자실체는 치즈 냄새가 나며 약간 신맛이 난다. 관공은 대에 완전붙은관공형 또는 짧은내린관공형이며, 황색 또는 호박색이나 점차 갈색으로 되고 상처를 입으면 녹청색으로 변한다. 관공구는 원형이거나 각형이고, 관공과 같은 색이며 색 변화도 같은 양상이다. 대의 길이는 4.5~12.3cm로 원통형이나 하부 쪽이 굵고 곤봉형이다. 표면은 상부에서 중반부까지 가느다란 망목이 있고 황색을 띠며, 하부는 옅은 적색, 암적색 또는 암적갈색을 띠고 상처를 입으면 청변한다. 포자문은 올리브갈색이며, 포자는 유방추형이다.

발생 시기 및 장소 | 주로 여름과 가을에 적송림과 참나무 혼합림 내 지상에서 비교적 드물게 발견된다.

금관버섯 _ 대에 내린 관공

금관버섯 _ 갓 표면이 건성인 자실체

금관버섯 _ 황색 또는 호박색의 관공

기와버섯

학명 *Russula virescens* (Schaeff.) Fr.

분류 무당버섯속 Russula | 무당버섯과 Russulaceae | 무당버섯목 Russulales | 주름버섯강 Agaricomycetes | 담자균문 Basidiomycota

구분 식용버섯

기와버섯 _ 다각형 또는 귀열상으로 갈라진 갓 표피

기와버섯 _ 녹색 또는 녹회색의 갓

형태적 특성 갓은 지름이 4.5~13.5cm로 초기에는 반구형이나 성숙하면 편평형 또는 중앙오목편평형으로 되며, 드물게는 갓 끝이 반전되기도 한다. 표면은 건성이고 녹색 또는 녹회색을 띠며, 표피는 불규칙하게 다각형 또는 귀열상으로 갈라지고 갈라진 사이에 유백색의 조직이 보인다. 조직은 백색이고 어린 시기에는 다소 견고하며, 맛과 향기는 부드럽다. 주름살은 대에 떨어진주름살이며 다소 빽빽하고, 초기에는 백색이지만 시간이 경과하면 다소 옅은 황백색을 띠며, 주름살날은 분질상이다. 대는 길이가 3.2~9.7cm로 원통형이고 상하 굵기가 비슷하다. 표면은 평활하고 다소 주름선이 종으로 있으며, 백색 또는 유백색이고 상처를 입어도 변색하지 않는다. 대 속은 초기에는 차 있으나 성장하면 다소 스펀지화한다. 포자문은 백색이며, 포자 모양은 유구형이다.

| 발생 시기 및 장소 | 여름부터 가을 사이에 주로 잡목림 내의 지상에 홀로 또는 흩어지거나 소수 무리 지어 발생한다.

기와버섯 _ 대에 떨어진주름살

기와버섯 _ 건성의 갓 표면

긴대밤그물버섯

학명 *Boletellus elatus* Nagas.

분류 밤그물버섯속 Boletellus | 그물버섯과 Boletaceae | 그물버섯목 Boletales | 주름버섯강 Agaricomycetes | 담자균문 Basidiomycota

구분 식용버섯

형태적 특성

갓은 지름이 3~9cm로 반구형 또는 반반구형이고 가끔 편평해지며, 노숙하면 드물게 갓 끝부분이 반전된다. 갓 표면은 건성이고 습할 때 다소 점성이 있으며, 초기에는 미세한 융단상이나 성장하면서 평활해진다. 어릴 때는 암갈색이나 성장하면 다소 퇴색하여 담갈색 또는 암적갈색으로 된다. 갓 조직은 육질이고 부드러우며, 등황백색으로 상처가 나도 변하지 않으며, 맛과 향이 없다. 관공의 길이는 0.8cm 정도이고, 자루에 완전붙은주름살 관공형이나 점차 끝붙은관공형 또는 홈관공형으로 되며, 어릴 때 황색이지만 점차 녹황색 또는 등록황색으로 된다. 관공구는 각형이고 크며, 황색이나 점차 녹황색 또는 등황색으로 되며 상처가 나도 변색되지 않는다. 대의 길이는 9~23cm로 대단히 크고 길며, 아랫부분이 굵어 곤봉형이고 종종 뒤틀려 있다. 자루 표면이 건조하고 융단상 가는 털이 있으며, 갓과 거의 같은 색이거나 다소 어두운 색이다. 어릴 때는 자회색이며 세로선이 있고, 상부에 불완전하며 미세한 망목이 있고, 기부에는 백색의 균사가 있다. 자루 조직이 부드럽고 백색이며, 상처가 나도 변색되지 않는다. 포자문은 올리브갈색이고, 포자 모양은 타원형 또는 원통상 유사난형이다. 포자의 표면에 길고 짧은 홈 세로선이 있으며, 다소 뒤틀려 있거나 상호 연결맥이 있고, 정단부에 발아공이 있다.

긴대밤그물버섯 _ 뒤틀려 있는 자실체의 대

긴대밤그물버섯 _ 반반구형의 갓

긴대밤그물버섯 _ 홀로 또는 흩어져 발생한 자실체

발생 시기 및 장소 여름에서 가을 사이에 적송과 참나무 숲의 혼합림 내의 땅 위에 홀로 또는 흩어져 발생한다.

긴뿌리포식동충하초

학명 *Ophiocordyceps longissima* (Kobayasi) G. H. Sung, J. M. Sung, Hywel-Jones & Spatafora

분류 포식동충하초속 Ophiocordyceps | 잠자리동충하초과 Ophiocordycipitaceae | 동충하초목 Hypocreales | 동충하초강 Sordariomycetes | 자낭균문 Ascomycota

구분 식용버섯

형태적 특성 자실체는 매미류 유충의 머리 부위에 일반적으로 1개의 자실체가 발생하며, 분지가 없고 특별히 길게 늘어나 있다. 자좌(stroma)의 전체 길이가 3~12cm 정도로 길게 늘어난 곤봉상의 두부(head)와 대로 구분되어 있다. 자실층인 두부는 크기가 0.4~0.6cm로 곤봉형 또는 방추형이며, 초기에는 장미색이나 성장하면 퇴색하여 옅은 갈색을 띤다. 대는 길이가 3.5~7cm로 원통형이고 길며, 대부분 비틀리고 굽어 있으며, 평활하거나 약간 미세한 털이 있고 옅은 갈색을 띤다. 피자기(perithecia)는 매몰형이며 난형이고, 공구는 미세한 점으로 밀포되어 있다. 피자기 사이의 균사조직은 다소 성글다. 자낭은 긴 원통형이며, 두부의 지름은 4.5~5.5µm이다. 자낭포자는 실 모양이고, 2차 포자의 양쪽 끝은 절단형이다.

발생 시기 및 장소 일반적으로 매미류의 유충 또는 용(蛹, 번데기)의 머리 부위에 발생한다.

긴뿌리포식동충하초 _ 초기에 장미색인 자실체

긴뿌리포식동충하초 _ 성장으로 인한 퇴색

긴송곳버섯

학명 *Radulodon copelandii* (Pat.) N. Maek.

분류 송곳버섯속 Radulodon | 아교버섯과 Meruliaceae | 구멍장이버섯목 Polyporales | 주름버섯강 Agaricomycetes | 담자균문 Basidiomycota

구분 불명버섯

긴송곳버섯 _ 침상 돌기의 자실층

긴송곳버섯 _ 백색 또는 담황색의 침형 자실체

형태적 특성 자실체가 전배착형으로, 초기에는 기주의 표면에 페인트칠한 것처럼 타원형인 백색의 반점이 형성되어 점차 기주의 표면을 따라 퍼져나간다. 그 전면에 무수한 침상 돌기가 밀생하고, 백색 또는 담황색이지만 후에 담자색을 띠게 된다. 침상 돌기의 길이는 0.7~1cm, 조직의 두께는 0.1cm 정도이고, 백색이며 막질로 질기다. 포자문은 백색이고, 포자 모양은 구형이다. 표면이 평활하고 비아밀로이드이다.

| 발생 시기 및 장소 | 활엽수의 고목, 특히 표고재배용 참나무 골목에 발생하는 백색부후균이다.

긴송곳버섯 _ 전배착형 자실체

까치버섯

학명 *Polyozellus multiplex* (Underw.) Murrill

분류 까치버섯속 Polyozellus | 사마귀버섯과 Thelephoraceae | 사마귀버섯목 Thelephorales | 주름버섯강 Agaricomycetes | 담자균문 Basidiomycota

구분 식용버섯

까치버섯 _ 회청색을 띠는 자실층

까치버섯 _ 송이와 같은 장소에서 발생한다.

형태적 특성

자실체는 키 5~15cm, 너비 5~30cm 정도이며, 하부의 대는 하나이지만 분지하여 여러 개의 갓이 된다. 갓은 지름 5cm 정도로 꽃양배추 또는 잎새버섯 모양이며 두께가 얇고, 끝부분은 파상형이다. 표면은 매끄럽고 흑청색 또는 남흑색을 띤다. 조직은 얇고 육질이나 약간 질기다. 자실층은 내린형이며 회백색 또는 회청색이고, 백색의 분질물로 덮여 있다. 대의 길이는 2~5cm 정도이고 원통형이다. 갓과 경계가 불분명하고 갓과 같은 색을 띠며, 조직은 연하나 건조하면 단단해진다. 포자문은 백색이며, 포자 모양은 구형이다.

| 발생 시기 및 장소 | 가을에 침엽수림, 활엽수림 또는 혼합림 내의 땅 위에 무리 지어 나거나 홀로 발생한다.

까치버섯 _ 꽃양배추와 유사한 형태의 자실체

깔때기버섯

학명 *Clitocybe nebularis* (Batsch) P. Kumm.

분류 깔때기버섯속 Clitocybe | 송이과 Tricholomataceae | 주름버섯목 Agaricales | 주름버섯강 Agaricomycetes | 담자균문 Basidiomycota

구분 식용버섯

깔때기버섯 _ 편평한 갓 윗면

깔때기버섯 _ 균륜을 형성한 모습

형태적 특성

갓은 지름이 5.5~14cm로 깔때기버섯류 중에서 매우 큰 편이다. 모양은 초기에 반반구형이고 갓 끝은 안쪽으로 말려 있으며, 성장하면 점차 편평하게 펴진다. 중앙 부위는 다소 함몰되거나 약간 돌출되어 있으며, 갓 끝은 위로 반전되기도 한다. 표면은 회색, 옅은 갈회색 또는 옅은 갈색을 띠며, 습할 때는 약간 점성이 있고 갓 끝 부위에 방사상의 섬유질이 드물게 나타난다. 조직은 비교적 두꺼우며 치밀하고 백색이다. 맛과 향기는 다소 불분명하다. 주름살은 대에 짧은내린주름살이고 빽빽하며, 옅은 황백색 또는 백황색을 띤다. 주름살날은 평활하다. 주름살은 갓 조직으로부터 분리가 잘 된다. 대의 길이는 4.2~8.3cm로 대 하부 쪽이 굵어져 곤봉형이 되거나 기부가 팽대해져 괴근형을 이룬다. 표면은 백색 또는 옅은 회색 바탕에 종으로 옅은 회갈색의 섬유질이 있으며, 대 기부에 백색 균사모가 있다. 속은 차 있거나 다소 비어 있다. 포자문은 옅은 황색이며, 포자는 타원형이고 표면은 평활하며, 비아밀로이드이다.

발생 시기 및 장소 여름에서 늦가을 사이에 주로 침엽수림 내 지상 또는 부식질이 많은 곳에 소수 무리 지어 발생하거나 또는 드물게 흩어져서 발생한다.

깔때기버섯 _ 곤봉형의 굵은 대

깔때기버섯 _ 무리 지어 발생한 모습

꾀꼬리버섯

학명 *Cantharellus cibarius* Fr.

분류 꾀꼬리버섯속 Cantharellus | 꾀꼬리버섯과 Cantharellaceae | 꾀꼬리버섯목 Cantharellales | 주름버섯강 Agaricomycetes | 담자균문 Basidiomycota

구분 식용버섯

꾀꼬리버섯 _ 주름살 사이의 연락맥

꾀꼬리버섯 _ 나팔형의 자실체

형태적 특성 자실체는 키가 3~10cm 정도이며, 갓의 지름은 3~8cm 정도이고 나팔형이나 성장하면서 편평해진다. 표면은 난황색을 띠나 성장하면서 연한 난황색을 띤다. 갓 둘레는 불규칙하게 굴곡이 지거나 갈라져 있다. 조직은 약간 두꺼우며 질기고, 연한 황색을 띤다. 주름살은 대에 길게내린주름살형으로 약간 빽빽하며 황색이고, 주름살 사이에 연락맥이 있다. 대의 길이는 2~7cm 정도이며, 원통형이다. 대의 굵기는 아래쪽이 다소 가늘며, 편심형 또는 중심형이다. 대의 길이는 비교적 짧고 단단하며 난황색을 띤다. 포자문은 담황색이고, 포자 모양은 타원형이다.

| 발생 시기 및 장소 | 늦여름부터 가을 사이에 혼합림 내의 땅 위에 무리 지어 발생하고, 외생균근성 버섯이다.

꾀꼬리버섯 _ 무리 지어 발생한 모습

끈적끈끈이버섯

학명 *Oudemansiella mucida* (Schrad.) Höhn.

분류 끈끈이버섯속 Oudemansiella | 뽕나무버섯과 Physalacriaceae | 주름버섯목 Agaricales | 주름버섯강 Agaricomycetes | 담자균문 Basidiomycota

구분 식용버섯

형태적 특성 갓은 지름이 2~7cm로 성장 초기에는 반구형 또는 반반구형이고, 끝은 백색의 내피막으로 싸여 있으나 성장하면 끝이 펴진다. 내피막은 갓 끝에서 떨어져 대에 남아 있고, 갓은 편평하게 펴지며 편평상반반구형 또는 편평형으로 된다. 표면에는 습할 때 잘 떨어져 나가는 현저한 젤라틴질층이 있고 반투명선이 다소 나타나며, 중앙 부위에 종종 방사상으로 주름이 있다. 백색, 옅은 황색 또는 상아색이나 중앙 부위는 종종 옅은 황토색을 띤다. 조직은 얇고 육질형이며 백색이다. 냄새는 불분명하며, 맛은 부드럽다. 주름살은 대에 완전붙은주름살이고, 비교적 넓고 성글며 백색 또는 옅은 황색이다. 주름살 기저부에 간맥이 있으며, 주름살날은 평활하고 백색이다. 대는 3.5~6.5cm로 원통형이고, 상하 굵기가 비슷하거나 기부 쪽이 다소 굵다. 표면은 턱받이 상부는 백색이며 종으로 홈선이 있고, 턱받이 하부는 초기에는 백색을 띠나 점차 회갈색으로 되며 종으로 선이 있다. 조직은 연골질이고 단단하며, 속은 비어 있다. 턱받이는 백색의 막질이고 영존성이며, 대의 1/2~2/3 부위에 있다. 포자 모양은 유구형 또는 넓은 타원형이고, 평활하며 멜저 용액에서 비아밀로이드이다. 포자문은 백색이다.

끈적끈끈이버섯 _ 백색의 주름살과 턱받이

끈적끈끈이버섯 _ 갓 표면의 젤라틴층

끈적끈끈이버섯 _ 고목에 무리 지어 발생한 모습

| 발생 시기 및 장소 | 여름에서 가을 사이에 벚나무, 너도밤나무 등 활엽수의 고목 또는 고사목, 그루터기 등에 소수 모여서 또는 무리 지어 발생한다.

난버섯

학명 *Pluteus cervinus* (Schaeff.) P. Kumm.

분류 난버섯속 Pluteus | 난버섯과 Pluteaceae | 주름버섯목 Agaricales | 주름버섯강 Agaricomycetes | 담자균문 Basidiomycota

구분 식용버섯

난버섯 _ 원추상 종형의 갓

난버섯 _ 백색의 주름살

형태적 특성

갓은 지름이 4.5~10cm이고, 어릴 때는 원추상 종형 또는 난형이나 성숙하면 반반구형, 편평형 또는 종종 중앙볼록편평형으로 된다. 표면은 암갈색, 회갈색, 적갈색을 띠며, 일반적으로 중앙 부위는 짙은 색을 띤다. 방사상으로 섬유상의 미세한 인편이 있으며, 건조 시에는 견사상의 광택이 나고 드물게는 귀열상으로 갈라진다. 조직은 육질형이며 비교적 얇고 백색이다. 맛과 향기는 불분명하다. 주름살은 대에 떨어진주름살이고 약간 빽빽하다. 성장 초기에는 백색을 띠나 성장하면 분홍색을 띠고, 주름살날은 평활하다. 대는 길이가 3.5~7cm로 원통형이고, 상하 굵기가 비슷하거나 기부 쪽이 다소 굵고, 종종 뒤틀려 있다. 표면은 옅은 회갈색을 띠고, 종으로 섬유질선이 있으며, 종종 손거스러미상의 섬유상 인피가 있다. 성장한 대의 속은 종종 비어 있다. 포자 모양은 넓은 타원형이며 평활하고, 멜저 용액에서 비아밀로이드이며, 포자문은 육색이다.

| 발생 시기 및 장소 | 봄에서 가을까지 부후목이나 썩은 톱밥 더미 위에 무리 지어 발생한다.

난버섯 _ 암갈색, 적갈색, 회갈색을 띠는 갓 표면

난버섯 _ 부후목에서 발생한 모습

낭상체버섯

학명 *Macrocystidia cucumis* (Pers.) Joss.

분류 큰낭상체버섯속 Macrocystidia | 낙엽버섯과 Marasmiaceae | 주름버섯목 Agaricales | 주름버섯강 Agaricomycetes | 담자균문 Basidiomycota

구분 불명버섯

형태적 특성 갓은 지름이 1~4.5cm로, 초기에 원추상 종형이고 상당 기간 동안 반반구형으로 유지하나 점차 편평하게 펴지며, 중앙 부위에 분명한 돌기가 있거나 중앙볼록형이다. 표면은 초기에는 미세한 벨벳상 모가 있으나 쉽게 탈락하여 평활하며, 약간 건변색 현상이 나타난다. 습하고 신선할 때에는 등갈색, 적갈색 또는 암갈색을 띠며, 반투명선이 나타나고, 건조하면 맑은 황토색을 띤다. 조직은 육질형이며 얇고, 갓 표면과 같은 등갈색 또는 암갈색을 띤다. 특히 생선 비린내(또는 오이 냄새)가 난다. 주름살은 끝붙은주름살(또는 V자형)이고 빽빽하며, 초기에는 백색이나 성장하면 황토색, 황토적색을 띤다. 짧은주름살은 3-가지형 또는 4-가지형이며, 주름살날은 비 평활하다. 대는 길이가 3.5~8cm로 원통형이고, 상하 굵기가 비슷하며 종종 기부 쪽이 가늘고, 드물게는 종으로 편압되어 있다. 표면은 기부 쪽에서부터 암적갈색 또는 흑갈색을 띠고, 상부 쪽은 옅은 색을 띠며, 미세한 벨벳상 모가 있다. 비교적 단단하며 연골질이고, 성장하면 속은 비어 있다. 포자 모양은 타원형이고, 표면은 평활하며 맑은 적백색이고, 비아밀로이드이다. 포자문은 녹황토색 또는 등갈색이다.

낭상체버섯 _ 편평한 갓의 모습

낭상체버섯 _ 대에 끝붙은주름살

낭상체버섯 _ 중앙볼록형인 갓

| 발생 시기 및 장소 | 여름에서 가을까지 활엽수림, 침엽수림 또는 혼합림 내의 임도 나지에 나무 조각, 잘 썩은 수목 부스러기 또는 나무껍질 잔유물이 많은 곳에 무리 지어 발생한다.

넓은큰솔버섯

학명 *Megacollybia platyphylla* (Pers.) Kotl. & Pouzar

분류 큰솔버섯속 Megacollybia | 낙엽버섯과 Marasmiaceae | 주름버섯목 Agaricales | 주름버섯강 Agaricomycetes | 담자균문 Basidiomycota

구분 식용버섯

넓은큰솔버섯 _ 오목편평형의 갓을 가진 자실체

넓은큰솔버섯 _ 성숙하면 방사상으로 갈라지는 갓 표면

형태적 특성 갓은 지름이 5~15cm 정도이며, 초기에는 평반구형이나 성장하면서 오목편평형이 된다. 갓 표면은 어릴 때는 진한 흑갈색이나 점차 연한 회색으로 되고, 방사상으로 섬유질선이 있으며, 성장하면 종종 표면이 방사상으로 갈라지기도 한다. 조직은 얇으며 백색이다. 주름살은 대에 완전붙은주름살형이고, 성글며 백색이다. 주름살 사이에 간맥이 있으며, 주름살 끝은 분질상이다. 대의 길이는 6~15cm, 굵기는 0.5~2cm 정도이며, 토양 표면과 붙어 있는 부분이 조금 굵으며, 속은 비어 있다. 포자문은 백색이고, 포자 모양은 타원형이다.

| 발생 시기 및 장소 | 여름부터 가을까지 활엽수의 고목, 그루터기 또는 나무가 매몰된 지상에 홀로 또는 무리 지어 발생한다.

넓은큰솔버섯 _ 백색의 대에 완전붙은주름살

노란각시버섯

학명 *Leucocoprinus birnbaumii* (Corda) Singer

분류 각시버섯속 Leucocoprinus | 주름버섯과 Agaricaceae | 주름버섯목 Agaricales | 주름버섯강 Agaricomycetes | 담자균문 Basidiomycota

구분 불명버섯

노란각시버섯 _ 면봉형의 어린 자실체

노란각시버섯 _ 원추형의 어린 갓

형태적 특성 갓은 지름이 2~5cm 정도이고 난형에서 종형을 거쳐 편평하게 되며 가운데는 볼록하다. 갓 표면은 솜털 같은 인편으로 덮여 있고 노란색이다. 가장자리에는 방사상의 홈선이 있고, 부채살 모양이다. 조직은 노란색이다. 주름살은 끝붙은 주름살형이며, 연한 노란색으로 빽빽하다. 대의 길이는 5~8cm 정도이며, 아래쪽은 곤봉 모양으로 부풀어 있고, 대의 속은 살이 없어서 비어 있다. 표면은 노란색 가루 모양의 인편으로 덮여 있다. 턱받이는 막질이고 쉽게 탈락한다. 포자문은 백색이며, 포자 모양은 난형이다.

발생 시기 및 장소 여름부터 가을 사이에 정원, 온실, 화분 등에 홀로 또는 무리 지어 발생하며, 부생생활을 한다.

노란각시버섯 _ 유황색의 면모상 인피가 밀포된 갓

노란각시버섯 _ 빽빽한 주름살

노란난버섯

학명 *Pluteus leoninus* (Schaeff.) P. Kumm.

분류 난버섯속 Pluteus | 난버섯과 Pluteaceae | 주름버섯목 Agaricales | 주름버섯강 Agaricomycetes | 담자균문 Basidiomycota

구분 식용버섯

노란난버섯 _ 어린 자실체

노란난버섯 _ 밝은 황색의 자실체

형태적 특성 갓은 지름이 3~6cm 정도이며, 처음에는 종형이나 성장하면서 중앙볼록편평형이 된다. 갓 표면은 밝은 황색이며, 습할 때 가장자리 쪽으로 방사상의 선이 보인다. 주름살은 떨어진주름살형이며 빽빽하고, 처음에는 백색이나 성장하면서 연한 홍색이 된다. 대의 길이는 3~8cm 정도이며 백색이고, 위아래 굵기가 비슷하고, 아래쪽에 연한 갈색의 섬유상 인편이 있으며, 속은 처음에 차 있으나 성장하면서 빈다. 조직은 백색이다. 포자문은 연한 홍색이며, 포자 모양은 유구형이다.

| 발생 시기 및 장소 | 봄부터 가을 사이에 활엽수의 고목, 썩은 나무 등에 무리 지어 나거나 홀로 발생한다.

노란난버섯 _ 참나무 부후목에 발생한 모습

노란난버섯 _ 무리 지어 발생한 모습

노란턱돌버섯

학명 *Descolea flavoannulata* (Lj. N. Vassiljeva) E. Horak

분류 돌버섯속 Descolea | 끈적버섯과 Cortinariaceae | 주름버섯목 Agaricales | 주름버섯강 Agaricomycetes | 담자균문 Basidiomycota

구분 식용버섯

형태적 특성 갓은 지름이 4.5~8.5cm로 성장 초기에는 구형 또는 유구형이나 성장하면 반반구형 또는 중앙볼록편평형으로 된다. 표면은 건성이고 황토색, 암황갈색을 띠며, 황색의 콩짜개 모양 또는 사마귀상의 외피막의 잔유물이 다수 산재해 있으며, 방사상의 주름이 있다. 갓 끝은 성장 초기에 안쪽으로 굽어 있다. 조직은 섬유질상 육질이고, 백색 또는 담황갈색을 띠며, 중앙 부위는 두껍다. 향기는 불분명하며 맛은 부드럽다. 주름살은 완전붙은주름살이나 종종 성장하면 떨어진주름살로 되며 다소 성글고, 초기에는 황갈색이나 차차 암황갈색으로 변한다. 주름살날은 황색 분질이 있다. 대는 길이가 4.5~10cm로 원통형이며, 상하의 굵기는 비슷하나 기부는 약간 팽대하여 유구근상을 이룬다. 표면은 상부는 황토색이고, 하부는 갈색을 띠며, 종으로 섬유질선이 있고, 기부 쪽에는 외피막 잔유물이 산재해 있다. 턱받이는 대의 2/3~1/2 부위에 있으며 황색의 막질로, 상면에 방사상의 홈선이 있다. 포자 모양은 레몬형이며, 표면에는 사마귀상 돌기가 있고 발아공은 없으며, 포자문은 황토색이다.

| 발생 시기 및 장소 | 늦은 여름에서 가을 사이에 주로 소나무림 내의 지상 또는 활엽수림 내 지상에 홀로 또는 흩어져 발생한다.

노란턱돌버섯 _ 성장 초기의 구형 또는 유구형의 갓

노란턱돌버섯 _ 사마귀상의 외피막

노란턱돌버섯 _ 성숙하며 짙어지는 주름살의 색

노란턱돌버섯 _ 흩어져 발생한 모습

노랑느타리

학명 *Pleurotus citrinopileatus* Singer

분류 느타리속 Pleurotus | 느타리과 Pleurotaceae | 주름버섯목 Agaricales | 주름버섯강 Agaricomycetes | 담자균문 Basidiomycota

구분 식용버섯

노랑느타리 _ 밝은 황색 또는 유황색의 자실체

노랑느타리 _ 다소 성글고 빽빽한 대에 긴내린주름살

형태적 특성 자실체는 일반적으로 하나의 대에서 위쪽으로 다수의 분지(5~15개)가 형성되며 각각의 정단에 갓이 하나씩 있다. 갓은 지름이 3.5~5.5cm로 모양은 초기에는 반반구형이나 성장하면 편평하게 펴지며, 중앙 부위가 함몰되어 깔때기형으로 된다. 표면은 평활하고, 밝은 황색 또는 유황을 띤다. 갓 중앙 부위 또는 끝 부위에 종종 백색의 내피막 잔유물이 부착되어 있다. 조직은 얇고 백색이며, 밀가루 냄새가 나고, 맛은 부드러우나 섬유질이 비교적 많아 질기다. 주름살은 대에 긴내린주름살이고, 다소 성글거나 약간 빽빽하며, 성장 초기에는 백색이나 성장하면 황색을 띤다. 주름살날은 평활하다. 대는 길이가 2.5~4.5cm로 원통형이며, 윗쪽으로 2~4회 분지가 일어나며 도합 5~15개의 분지가 형성된다. 표면은 평활하며 백색 또는 다소 옅은 황색을 띤다. 포자 모양은 원통형이며, 표면은 평활하고 비아밀로이드이다. 포자문은 백색이다.

| 발생 시기 및 장소 | 여름부터 가을 사이에 미루나무, 버드나무, 뽕나무 등 활엽수 고목 그루터기 위에 무리 지어 발생한다.

노랑느타리 _ 반반구형의 갓

노랑느타리 _ 고목에 무리 지어 발생한 모습

노랑무당버섯

학명 *Russula flavida* Frost

분류 무당버섯속 Russula | 무당버섯과 Russulaceae | 무당버섯목 Russulales | 주름버섯강 Agaricomycetes | 담자균문 Basidiomycota

구분 불명버섯

노랑무당버섯 _ 어린 자실체

노랑무당버섯 _ 노란 반구형의 자실체

형태적 특성 갓은 지름이 3~9cm 정도로 어릴 때는 반구형이나 성장하면서 편평해지며, 포자를 퍼뜨릴 시기가 되면 갓의 끝 부위는 위로 올라간다. 갓 표면은 매끄럽고, 선황색이며 건성이고, 융단 모양이다. 주름살은 떨어진주름살형 또는 끝붙은주름살형이고, 약간 빽빽하며, 백색이다. 대의 길이는 3~8cm 정도이며, 위아래 굵기가 비슷하며, 표면은 분질상이고, 갓과 같은 색이거나 다소 연한 색을 띤다. 대의 속은 점차 비어 간다. 포자문은 백색이며, 포자 모양은 구형이다.

| 발생 시기 및 장소 | 여름부터 가을까지 혼합림 내의 땅 위에 홀로 발생하는 외생균근성 버섯이다.

노랑무당버섯 _ 백색의 주름살

노랑무당버섯 _ 매끄러운 갓 표면

노린재포식동충하초

학명 *Ophiocordyceps nutans* (Pat.) G. H. Sung, J. M. Sung, Hywel-Jones & Spatafora

분류 포식동충하초속 Ophiocordyceps | 잠자리동충하초과 Ophiocordycipitaceae | 동충하초목 Hypocreales | 동충하초강 Sordariomycetes | 자낭균문 Ascomycota

구분 약용버섯

형태적 특성 자실체는 노린재 성충의 머리, 흉부에 일반적으로 발생하며, 대부분 1개가 발생하나 드물게는 2개 이상 발생한다. 자실체는 두부와 대로 나누어지며, 자실층인 두부의 길이는 3~6cm 정도로 긴 타원형이며, 등황색을 띤다. 대는 3~10cm 정도이고, 가늘고 길며, 불규칙하게 굽어 있다. 위쪽은 등황색을 띠나 기부 쪽은 검은색이고, 약간 광택이 난다. 조직은 단단하고 질기며, 혁질이다. 포자 모양은 원주형이다.

| 발생 시기 및 장소 | 여름에서 가을 사이에 발생하며 죽은 노린재의 머리 또는 흉부에 기생생활한다.

노린재포식동충하초 _ 검은색의 광택이 나는 대

노린재포식동충하초 _ 자실층인 머리 부분은 어릴 때 붉은색을 띤다.

느타리

학명 *Pleurotus ostreatus* (Jacq.) P. Kumm.

분류 느타리속 Pleurotus | 느타리과 Pleurotaceae | 주름버섯목 Agaricales | 주름버섯강 Agaricomycetes | 담자균문 Basidiomycota

구분 식용버섯

느타리 _ 백색을 띠는 내린주름살의 자실체

느타리 _ 느타리(재배)

형태적 특성 갓은 지름이 5~15cm 정도로 둥근 산 모양에서 성장하면서 조개껍데기 또는 반원형으로 되며, 종종 깔때기 모양으로 된다. 갓 표면은 매끄럽고 습기가 있으며, 회색, 흑색, 회갈색 등 다양하다. 조직은 두껍고 탄력이 있으며, 백색이다. 주름살은 내린주름살형으로 백색 또는 회색이고, 약간 빽빽하다. 대의 길이는 1~4cm 정도이고, 측심형 또는 편심형이며, 표면은 백색이다. 대 기부에는 짧은 털 모양의 백색 균사가 덮여 있다. 가끔 대가 없이 갓이 기주에 부착한 경우도 있다. 포자문은 백색 또는 연한 자회색이며, 포자 모양은 타원형이다.

| 발생 시기 및 장소 | 늦가을에서 봄 사이에 썩은 고목에 뭉쳐서 발생하며 나무를 분해하는 부후균이다.

느타리 _ 가을에는 회청색을 띤다.

느타리 _ 대는 편심생으로 기주에 부착한다.

능이

학명 *Sarcodon imbricatus* (L.) P. Karst.

분류 능이속 Sarcodon | 노루털버섯과 Bankeraceae | 사마귀버섯목 Thelephorales | 주름버섯강 Agaricomycetes | 담자균문 Basidiomycota

구분 식용버섯

능이 _ 침으로 이루어진 자실층

능이 _ 거친 인편이 있는 갓 표면

형태적 특성 자실체는 키가 5~25cm, 지름이 5~25cm로서 처음에는 편평형이나 성장하면서 깔때기형 또는 나팔꽃형이 되고, 중앙부는 대의 기부까지 뚫려 있다. 갓 표면은 거칠고 위로 말린 각진 인편이 밀집해 있다. 자실체는 처음에는 연한 홍색 또는 연한 갈색이나 성장하면서 홍갈색 또는 흑갈색으로 변하며, 건조하면 흑색으로 된다. 조직은 연한 홍갈색인데 건조하면 회갈색으로 된다. 자실층은 길이 1cm 이상 되는 많은 침이 돋아 있고, 초기에는 회백갈색이나 성장하면서 연한 흑갈색이 된다. 대의 길이는 3~5cm 정도로 비교적 짧고, 기부까지 침이 돋아 있으며, 연한 흑갈색을 띤다. 포자문은 연한 갈색이며, 포자 모양은 구형이다.

발생 시기 및 장소 가을에 활엽수림 내 땅 위에 무리 지어 나거나 홀로 발생한다.

능이 _ 흑갈색을 띠며 성장하는 자실체

능이 _ 활엽수림 지상에 발생한 모습

다색벚꽃버섯

학명 *Hygrophorus russula* (Schaeff.) Kauffman

분류 벚꽃버섯속 Hygrophorus | 벚꽃버섯과 Hygrophoraceae | 주름버섯목 Agaricales | 주름버섯강 Agaricomycetes | 담자균문 Basidiomycota

구분 식용버섯

형태적 특성

갓은 지름이 4~18cm로 어릴 때는 반구형 또는 반반구형이고, 갓 끝은 안쪽으로 말려 있으나 성장하면 중앙볼록편평형 또는 중앙오목편평형으로 변하는데 드물게는 갓 끝이 위로 반전되어 약간 깔때기형이 되기도 한다. 갓 주변 부위는 종종 파상으로 굴곡이 져 있다. 표면은 습할 때 다소 점성이 있으며 평활하고, 중앙부는 자적색, 암적갈색 또는 갈적색이고, 주변부는 옅은색 또는 분홍색 바탕에 적갈색 반점이 있거나 얼룩진다. 조직은 두껍고, 백색 또는 옅은 분홍색이며 종종 암적색의 얼룩이 있다. 맛과 향기는 부드럽다. 주름살은 대에 완전붙은주름살 또는 내린주름살이고, 빽빽하거나 약간 빽빽하다. 주름살날은 평활하고 초기에는 백색이나, 후기에는 포도주색의 반점으로 얼룩진다. 대는 길이가 3~10cm로 원통형이며, 상하 굵기가 비슷하거나 상부 쪽 또는 하부 쪽으로 가늘고, 종종 굽어 있다. 표면은 백색이나 성장하면 포도주색의 섬유질이 생성되고, 같은 색의 반점으로 얼룩지며, 속은 차 있다. 포자문은 백색이고, 포자 모양은 타원형이고, 표면은 평활하며, 멜저 용액 반응에서 비아밀로이드이다.

다색벚꽃버섯 _ 빽빽한 내린주름살

발생 시기 및 장소 | 가을에 송이 발생 시기에 활엽수(참나무류, 상수리, 졸참나무, 굴참나무, 너도밤나무 등) 또는 침엽수가 혼재한 지상에서 흩어져서 또는 무리 지어 발생한다.

다색벚꽃버섯 _ 습할 때도 다소 점성을 띤다.

다색벚꽃버섯 _ 흩어져 발생한 모습

달화경버섯

학명 *Omphalotus japonicus* (Kawam.) Kirchm. & O. K. Mill.

분류 화경버섯속 Omphalotus | 화경버섯과 Omphalotaceae | 주름버섯목 Agaricales | 주름버섯강 Agaricomycetes | 담자균문 Basidiomycota

구분 독버섯

형태적 특성 갓은 지름이 6.7~22.5cm로 어른 손바닥만 하며 조개형 또는 신장형으로 된다. 표면은 황등갈색, 자갈색 또는 암자갈색을 띠고 짙은 색의 인피가 있다. 주름살은 내린주름살이고 간격은 넓으며 약간 빽빽하고, 옆은 황색 또는 백색이다. 빛이 없는 밤에는 청백색의 인광이 난다. 대의 길이는 1.2~2.7cm로 짧고 뭉툭하며 편심생이고, 돌출된 불완전한 턱받이가 있다. 조직은 두껍고 육질형이며, 백색이나 기부를 종으로 절단하면 암자색의 반점이 있다. 맛과 향기는 부드럽다. 포자문은 백색이고, 포자는 구형이다.

달화경버섯 _ 서어나무에 자생하는 자실체

발생 시기 및 장소 여름과 가을에 서어나무, 너도밤나무류, 특히 서어나무의 고목에 무리 지어 발생한다.

달화경버섯 _ 대 기부에 있는 검은색 반점

달화경버섯 _ 청백색의 인광이 난다.

덧부치버섯

학명 *Asterophora lycoperdoides* (Bull.) Ditmar

분류 덧부치버섯속 Asterophora | 만가닥버섯과 Lyophyllaceae | 주름버섯목 Agaricales | 주름버섯강 Agaricomycetes | 담자균문 Basidiomycota

구분 불명버섯

덧부치버섯 _ 백색의 어린 자실체

덧부치버섯 _ 분질상의 갓 상부

형태적 특성

갓은 지름이 1~3cm 정도이며, 처음에는 반구형이며 갓 끝이 안쪽으로 말려 있으나 성장하면서 끝이 펴진다. 갓의 표면은 처음에 백색의 후막포자가 분질물의 형태를 이루고 있으나 성숙하면 후막포자가 갈색으로 변한다. 주름살은 완전붙은주름살형이며, 성글고 두꺼우며, 백색에서 황백색으로 된다. 대는 1~5cm 정도이며 원통형이고, 위아래 굵기가 비슷하며 굽어 있다. 초기에는 속이 차 있으나 성장하면서 속이 비며, 표면은 백색이다. 포자문은 백색이며, 포자 모양은 우이씨 모양이다.

| 발생 시기 및 장소 | 여름부터 가을 사이에 젖버섯, 애기무당버섯, 절구버섯 등의 자실체 위에 기생한다.

덧부치버섯 _ 덧부치버섯에 감염된 절구버섯

덧부치버섯 _ 흑갈색으로 변한 감염된 자실체

들주발버섯

학명 *Aleuria aurantia* (Pers.) Fuckel

분류 들주발버섯속 Aleuria | 털접시버섯과 Pyronemataceae | 주발버섯목 Pezizales | 주발버섯강 Pezizomycetes | 자낭균문 Ascomycota

구분 식용버섯

들주발버섯 _ 접시형 또는 불균형 접시형의 자실체

들주발버섯 _ 기부에 여러 개가 뭉쳐난 모습

형태적 특성 자실체는 접시 또는 컵 모양이고, 대가 없다. 지름이 2~10cm로 드물게는 12cm도 있으며 초기에는 컵 모양이지만 성장하면서 접시형 또는 불균형 접시형으로 된다. 포자가 형성되는 자실층은 밝은 등황색 또는 등적색이고 평활하며, 바깥쪽 면은 옅은 등황색 또는 옅은 오렌지색이며 가장자리는 평활하다. 조직은 얇고 쉽게 잘 부서진다. 자낭의 크기는 185~5,200×10~13μm이며, 8-자낭포자를 내포하고 있고, 자낭의 정단 부위는 요오드 용액에 푸른색을 띠지 않는다. 자낭포자의 크기는 14~16×9~11μm이고 타원형이며, 표면에는 망목이 있다. 측사의 정단 부위 너비는 8~10μm이고 장곤봉형이다.

발생 시기 및 장소 봄부터 늦가을까지 산길이나 나지에 무리 지어 발생한다.

들주발버섯 _ 관공형의 자실층

들주발버섯 _ 무리 지어 발생한 모습

땅비늘버섯

학명 *Pholiota terrestris* Overh.

분류 비늘버섯속 Pholiota | 포도버섯과 Strophariaceae | 주름버섯목 Agaricales | 주름버섯강 Agaricomycetes | 담자균문 Basidiomycota

구분 독버섯

땅비늘버섯 _ 건조한 자실체

땅비늘버섯 _ 갓 표면에 발달된 인피

형태적 특성 갓은 지름이 3~6cm 정도로 원추형에서 가운데가 볼록한 둥근 산 모양을 띠고 성장하면서 편평한 모양으로 된다. 갓 표면은 연한 황색 또는 연한 갈색이고, 진한 갈색의 섬유상 인편이 많이 있으며, 갓 끝에는 내피막 일부가 붙어 있다. 조직은 연한 황색이고, 주름살은 완전붙은주름살형이며, 포자가 형성되면 갈색으로 변한다. 주름살에는 미세구조인 노란 시스티디아가 있다. 대의 길이는 3~7cm 정도이고, 위쪽은 백색, 아래쪽은 연한 황색 또는 연한 갈색이며, 섬유상 인편과 솜털 모양의 내피막 흔적이 있다. 포자문은 진한 갈색이며, 포자 모양은 타원형이다.

발생 시기 및 장소 | 봄부터 가을까지 산길, 잔디밭 등에 뭉쳐서 발생하며, 유기물이나 산림부산물을 분해하는 부후성 버섯이다.

땅비늘버섯 _ 턱받이 흔적이 있는 대 상부

땅비늘버섯 _ 뭉쳐서 발생한 모습

땅찌만가닥버섯

학명 *Lyophyllum shimeji* (Kawam.) Hongo

분류 만가닥버섯속 Lyophyllum | 만가닥버섯과 Lyophyllaceae | 주름버섯목 Agaricales | 주름버섯강 Agaricomycetes | 담자균문 Basidiomycota

구분 식용버섯

땅찌만가닥버섯 _ 어린 자실체

땅찌만가닥버섯 _ 송이형 또는 애기버섯형의 자실체

형태적 특성 자실체는 송이형 또는 애기버섯형으로 지름이 3.5~10.5cm이며, 성장 초기에는 원추상 반구형 또는 원추상 반반구형이다. 갓 끝은 안쪽으로 말려 있으나 성장하면 갓 끝이 편평하게 펴지며, 종종 중앙볼록편평형 또는 중앙오목편평형으로 된다. 표면은 평활하고 건성이며, 초기에는 암갈색을 띠나 성장하면 회색 또는 옅은 회갈색을 띤다. 조직은 두껍고 육질형이며, 치밀하고 백색이다. 상처를 입어도 변색되지 않는다. 맛은 부드럽고, 냄새는 전형적인 버섯 향이며 특별한 향이 없다. 주름살은 대에 홈주름살 또는 짧은내린주름살로 좁고 빽빽하며, 백색 또는 옅은 황색이다. 주름살날은 평활하다. 대는 3.5~7.5cm로 원통형이고, 초기에는 대부분 기부 쪽이 굵으나 성장하면 상하 굵기가 비슷하다. 표면은 평활하고 회백색 또는 백회색을 띠며, 옅은 회갈색 섬유질이 종으로 있다. 조직은 치밀하고 육질이며 백색이다. 포자문은 백색이고, 포자 모양은 구형 또는 유구형이며, 표면은 평활하고 멜저 용액에서 비아밀로이드이다.

| 발생 시기 및 장소 | 가을에 송이가 질 무렵 참나무림 내 또는 참나무와 소나무가 혼재한 지상에 흩어져 나거나 소수 무리 지어 발생한다. 외생균근균이다.

땅찌만가닥버섯 _ 표면도 평활하며 건성이다.

땅찌만가닥버섯 _ 소수 무리 지어 발생한 자실체

마귀곰보버섯

학명 *Gyromitra esculenta* (Pers.) Fr.

분류 마귀곰보버섯속 Gyromitra | 게딱지버섯과 Discinaceae | 주발버섯목 Pezizales | 주발버섯강 Pezizomycetes | 자낭균문 Ascomycota

구분 독버섯

마귀곰보버섯 _ 뇌 모양의 갓

마귀곰보버섯 _ 싱싱한 버섯과 검게 변색된 버섯

형태적 특성

자실체는 너비가 4.5~12cm로, 갓은 불규칙한 뇌상 유구형이다. 표면은 평활하고 황갈색, 적갈색 또는 흑갈색이다. 대는 길이가 1.1~4cm로 짧고 뭉툭하며 현저한 홈선 또는 챔버형이다. 표면은 백색이고 미세한 비듬상이며, 속은 비어 있다. 갓과 대는 불규칙하게 부착되어 있다. 조직은 잘 부서지며 맛과 향은 특별하지 않다. 포자는 타원형이고 평활하며, 포자 내부에 2개의 기름방울이 있다.

발생 시기 및 장소 4월과 5월 초에 침엽수 그루터기 주위, 톱밥 또는 나무 부스러기 주위에서 흩어져 또는 무리 지어 발생한다. 국내에서는 매우 희귀한 종으로서 강원도에서 처음 발견되었다.

마귀곰보버섯 _ 불규칙하게 부착되어 있는 갓과 대

마귀곰보버섯 _ 대를 절단한 모양

마귀광대버섯

학명 *Amanita pantherina* (DC.) Krombh.

분류 광대버섯속 Amanita | 광대버섯과 Amanitaceae | 주름버섯목 Agaricales | 주름버섯강 Agaricomycetes | 담자균문 Basidiomycota

구분 독버섯

마귀광대버섯 _ 어린 자실체

마귀광대버섯 _ 갓 둘레의 방사상 홈선

형태적 특성 갓은 지름이 3～25cm 정도이며, 초기에는 구형이나 성장하면서 편평형이 되고 후에 오목편평형이 된다. 갓 표면은 회갈색 또는 갈색이며, 사마귀 모양의 백색 외피막 파편이 산재하고, 습하면 점성이 있다. 갓 둘레에는 종종 방사상의 홈선이 있다. 주름살은 떨어진주름살형이며, 다소 빽빽하고 백색이다. 주름살 끝은 약간 톱날형이다. 대의 길이는 5～20cm 정도이고 백색이며, 위쪽에 턱받이가 있고 턱받이 밑에는 섬유상의 인편이 있다. 기부는 팽대하여 구근상을 이루고 바로 위에는 외피막의 일부가 2～4개의 불안전한 띠를 이룬다. 포자문은 백색이며, 포자 모양은 긴 타원형이다.

| 발생 시기 및 장소 | 여름부터 가을까지 활엽수림, 침엽수림 내 지상에 홀로 나거나 또는 흩어져 발생하며, 외생균근성 버섯이다.

마귀광대버섯 _ 갓 표면에 있는 백색 외파막의 흔적

마귀광대버섯 _ 성장하면 턱받이가 대의 중심부에 위치한다.

말불버섯

학명 *Lycoperdon perlatum* Pers.

분류 말불버섯속 Lycoperdon | 주름버섯과 Agaricaceae | 주름버섯목 Agaricales | 주름버섯강 Agaricomycetes | 담자균문 Basidiomycota

구분 식용버섯

말불버섯 _ 피라미드상의 돌기

말불버섯 _ 표면은 백색에서 갈색으로 변한다.

형태적 특성 자실체는 키가 3~6cm, 지름이 2~6cm이고 원추형이다. 표면은 백색이나 차차 황갈색으로 변하고, 윗부분에는 작은 피라미드형의 흑갈색 돌기가 무수히 부착되어 있고 만지면 쉽게 떨어진다. 자실체의 측면과 아래쪽에는 종으로 난 주름이 있으며, 흑갈색의 돌기가 있다. 버섯이 성장하면 정단 부위에 하나의 구멍이 생기는데 그곳으로 포자가 분출된다. 포자는 갈색이며 구형이다.

| 발생 시기 및 장소 | 여름부터 가을 사이에 부식질이 많은 땅 위에 홀로 나거나 무리 지어 발생하며, 부생생활을 한다.

말불버섯 _ 자르면 백색을 띠는 어린 자실체

말불버섯 _ 정단 부위에 생긴 구멍

말징버섯

학명 *Calvatia craniiformis* (Schwein.) Fr.

분류 말징버섯속 Calvatia | 주름버섯과 Agaricaceae | 주름버섯목 Agaricales | 주름버섯강 Agaricomycetes | 담자균문 Basidiomycota

구분 식용버섯

말징버섯 _ 어린 자실체

말징버섯 _ 얇은 황갈색의 외피막

형태적 특성 자실체는 키가 5~10cm, 지름이 5~8cm이고 구형이다. 외피막은 얇고 연한 황갈색 또는 황토색이며, 내피막은 얇고 황색 또는 연한 적색이다. 내부의 조직은 백색에서 황색의 카스테라와 같으며 포자가 형성되면 갈색으로 변하고 분질상이 된다. 표피는 낡은 스펀지 모양으로 된 조직을 노출시키고, 포자는 비나 바람에 의해 외피가 부서지면 밖으로 노출되어 바람에 날린다. 대는 3~5cm 정도이고, 기부 쪽이 가늘며 황갈색을 띤다. 포자는 연한 갈색이며, 포자 모양은 구형이다.

| 발생 시기 및 장소 | 여름부터 가을 사이에 낙엽 위나 부식질이 많은 땅 위에 홀로 나거나 무리 지어 발생하며, 부생생활을 한다.

말징버섯 _ 외피가 부서져서 포자가 날아간 자실체

말징버섯 _ 부식질이 많은 토양에 발생한 모습

맑은애주름버섯

학명 *Mycena pura* (Pers.) P. Kumm.

분류 애주름버섯속 Mycena | 애주름버섯과 Mycenaceae | 주름버섯목 Agaricales | 주름버섯강 Agaricomycetes | 담자균문 Basidiomycota

구분 독버섯

형태적 특성 갓은 지름이 2~5cm 정도로 처음에는 종형 또는 반구형이나 성장하면서 편평형으로 되며, 종종 중앙이 볼록하기도 하다. 갓 표면은 건성이나 습하면 다소 점성이 있고, 반투명의 선이 방사상으로 나타나며, 홍자색, 분홍보라색, 연한 보라색, 백색 등 다양한 색의 변화가 있다. 주름살은 끝붙은주름살형이며 약간 빽빽하고, 회백색 또는 연한 자색이다. 대의 길이는 3~8cm 정도이며 속은 비어 있고, 표면은 평활하고 갓의 색과 같다. 대 기부에는 균사가 밀포되어 있다. 생감자 냄새가 난다. 포자문은 백색이며, 포자 모양은 긴 타원형이다.

발생 시기 및 장소 봄부터 가을 사이에 활엽수림 또는 침엽수림 내 낙엽 위에 홀로 또는 무리 지어 발생한다.

맑은애주름버섯 _ 회백색의 주름살

맑은애주름버섯 _ 갓 표면의 방사상 홈선

맑은애주름버섯 _ 습하면 점성이 나타나는 자실체

망태말뚝버섯

학명 *Phallus indusiatus* Vent.

분류 말뚝버섯속 Phallus | 말뚝버섯과 Phallaceae | 말뚝버섯목 Phallales | 주름버섯강 Agaricomycetes | 담자균문 Basidiomycota

구분 식용버섯

망태말뚝버섯 _ 어린 알

망태말뚝버섯 _ 어린 알을 자른 단면

형태적 특성

어린 알은 일반적으로 백색이지만 문지르면 옅은 적자색을 띠는 것도 있으며, 난형 또는 구형이고, 반지중생이다. 이것을 세로로 자르면 대와 갓, 그리고 갓과 대 사이에 백색을 띠는 그물치마(indusium)의 초기 형태가 있다. 자실체의 갓 표면에는 짙은 녹갈색의 기본체가 있으며, 그 외부는 옅은 황색의 두꺼운 젤라틴층이 있고, 외부는 백색의 막질인 외피막으로 둘러싸여 있다. 기부에는 뿌리 모양의 균사속(rhizoid)이 있으며, 대나무의 잎, 뿌리 또는 넘어진 대나무에 뻗어 있다. 성숙하면 외피막의 정단 부위가 갈라지며, 원통상의 대가 위로 빠르게 신장된다. 대의 속은 비어 있고, 표면은 백색으로 무수한 홈이 있으며 잘 부서진다. 대의 상단부에는 머리 모양의 갓이 있다. 갓은 원추상 종형이며, 표면은 백색 또는 옅은 황색을 띤다. 망목상의 융기가 있고, 짙은 녹갈색의 점액인 기본체가 덮여 있는데 그 속에 포자를 형성하며, 악취가 심하다. 정단부는 백색의 돌기가 있으며, 속은 뚫려 대 기부까지 관통되어 있다. 갓과 대 사이에서 백색의 그물치마가 빠르게 아래쪽으로 자라며, 대부분 대 기부까지 자란다. 대 기부에는 백색의 두꺼운 대주머니가 있다.

발생 시기 및 장소 주로 여름 장마철과 가을에 대나무 숲 내에 무리 지어 발생한다.

먹물버섯

학명 *Coprinus comatus* (O. F. Müll.) Pers.

분류 먹물버섯속 Coprinus | 주름버섯과 Agaricaceae | 주름버섯목 Agaricales | 주름버섯강 Agaricomycetes | 담자균문 Basidiomycota

구분 식용버섯

먹물버섯 _ 견사상 섬유질이 있는 어린 자실체

먹물버섯 _ 흑색으로 변한 갓

형태적 특성 자실체는 키가 4~10cm, 지름이 3~5cm로서 처음에는 긴 난형이나 성장하면서 종형으로 되며, 대의 반 이상을 덮고 있다. 표면은 유백색을 띠며 견사상 섬유질이나 성장하면서 연한 갈색의 거친 섬유상 인피로 된다. 조직은 얇고 백색을 띤다. 주름살은 끝붙은주름살형 또는 떨어진주름살형이며 빽빽하고, 처음에는 백색이나 성장하면서 갈색으로 된 후 흑색으로 변한다. 갓 가장자리부터 액화 현상이 일어나서 갓은 없어지고 대만 남는다. 대의 길이는 15~25cm 정도로 원통형이며, 위쪽이 조금 가늘고 속은 비어 있으며, 표면은 백색이다. 턱받이는 위아래로 움직일 수 있으며, 기부는 원추상으로 부풀어 있다. 포자문은 검은색이며, 포자 모양은 타원형이다.

| 발생 시기 및 장소 | 봄부터 가을 사이에 정원, 목상, 산니밭 등 부식질이 많은 땅 위에 무리 지어 흩어져 발생한다.

먹물버섯 _ 포자가 성숙하면 액화 현상이 일어난다.

먹물버섯 _ 부식질이 많은 풀밭에 자생한다.

명아주개떡버섯

학명 *Tyromyces sambuceus* (Lloyd) Imazeki

분류 개떡버섯속 Tyromyces | 구멍장이버섯과 Polyporaceae | 구멍장이버섯목 Polyporales | 주름버섯강 Agaricomycetes | 담자균문 Basidiomycota

구분 식용버섯

명아주개떡버섯 _ 백색 또는 암갈색의 표면

명아주개떡버섯 _ 반원형이며 혁질인 갓

형태적 특성

자실체는 너비가 10~30cm, 두께 1~5cm 정도이며, 반원형 또는 편평형이다. 표면은 백색 또는 암갈색이고, 조직은 백색이며 부드러운 혁질이다. 대는 없고 기주에 붙어 생활한다. 관공은 0.2~1.5cm 정도이며 갓과 같은 색이고, 관공구는 0.1cm 이하로 부정형 또는 다각형이며 미세하다. 포자문은 백색이고, 포자 모양은 타원형이다.

발생 시기 및 장소 봄부터 여름까지 활엽수의 고목에 발생하며 부생생활을 한다.

명아주개떡버섯 _ 대는 없고 기주에 붙어서 생활한다.

명아주개떡버섯 _ 고목에 발생한 모습

목이

학명 *Auricularia auricula-judae* (Bull.) Quél.

분류 목이속 Auricularia | 목이과 Auriculariaceae | 목이목 Auriculariales | 주름버섯강 Agaricomycetes | 담자균문 Basidiomycota

구분 식용버섯

목이 _ 불규칙한 간맥이 있는 자실층

목이 _ 무리 지어 발생한 모습

형태적 특성

자실체는 너비가 2~10cm 정도이고, 주발 모양 또는 귀 모양 등 다양하며, 젤라틴질이다. 갓 윗면(비자실층)은 약간 주름져 있거나 파상형이며, 미세한 털이 있다. 색상은 홍갈색 또는 황갈색을 띠며, 노후되면 거의 검은색으로 된다. 갓 아랫면(자실층)은 매끄럽거나 불규칙한 간맥이 있고, 황갈색 또는 갈색을 띤다. 조직은 습할 때 젤라틴질이며 유연하고 탄력성이 있으나, 건조하면 수축하여 굳어지며 각질화된다. 자실체는 건조된 상태로 물속에 담그면 원상태로 되살아난다. 포자문은 백색이고, 포자 모양은 콩팥형이다.

| 발생 시기 및 장소 | 봄부터 가을 사이에 활엽수의 고목, 죽은 가지에 무리 지어 발생한다.

목이 _ 홍갈색 또는 황갈색의 갓

민자주방망이버섯

학명 *Lepista nuda* (Bull.) Cooke

분류 자주방망이버섯속 Lepista | 송이과 Tricholomataceae | 주름버섯목 Agaricales | 주름버섯강 Agaricomycetes | 담자균문 Basidiomycota

구분 식용버섯

민자주방망이버섯 _ 자색 또는 보라청색을 띤다.

민자주방망이버섯 _ 혼합림 내의 지상에서 발생한 자실체

형태적 특성 갓은 지름이 4.5~12cm로 성장 초기에는 반구형 또는 반반구형이고 갓 끝은 안쪽으로 굽어 있으나, 성장하면 편평상 반반구형 또는 편평형으로 펴진다. 표면은 평활하고 흡습성이며, 자색 또는 보라청색을 띠나 성숙하면 퇴색하여 갈자색, 갈색 또는 갈황색으로 된다. 조직은 두껍고 부드러우며, 육질형이고 잘 부서지며, 옅은 자색을 띤다. 맛과 냄새는 부드럽다. 주름살은 대에 홈주름살로 빽빽하며, 주름살날은 평활하고, 초기에는 자색을 띠나 성장하면 옅은 황색 또는 옅은 황자색으로 된다. 대는 길이가 3.5~9cm로 원통형이고, 상하 굵기가 같거나 하부 쪽이 굵어져 곤봉형을 이루며, 기부는 종종 약간 팽대하여 괴근상을 이루기도 한다. 표면은 종으로 섬유질선이 있고, 자색을 띠지만 성장하면 퇴색하여 옅은 갈색 또는 유백색이 된다. 속은 차 있고, 자색을 띤다. 포자문은 분홍색이고, 포자 모양은 타원형이며, 표면에는 미세한 돌기가 있고, 멜저 용액에서 비아밀로이드이다.

| 발생 시기 및 장소 | 여름부터 가을 사이에 혼합림 내의 지상이나 목장 또는 정원에 홀로 또는 소수 무리 지어 발생한다.

민자주방망이버섯 _ 주름살은 자색에서 황색으로 변한다.

민자주방망이버섯 _ 무리 지어 발생한 모습

밀꽃애기버섯

학명 *Gymnopus confluens* (Pers.) Antonín, Halling & Noordel.

분류 꽃애기버섯속 Gymnopus | 화경버섯과 Omphalotaceae | 주름버섯목 Agaricales | 주름버섯강 Agaricomycetes | 담자균문 Basidiomycota

구분 식용버섯

밀꽃애기버섯 _ 면모상 털이 밀포된 대 표면

밀꽃애기버섯 _ 배꼽 모양으로 돌출된 갓

형태적 특성

갓은 지름이 0.8~3cm 정도이며, 초기에는 반반구형이나 성장하면서 편평형이 되고 종종 끝이 위로 반전된다. 중앙 부위는 배꼽 모양으로 들어가거나 돌출되는 경우도 있다. 표면은 매끄러우며 적갈색으로 다소 주름져 있고, 성장하면서 옅은 황갈색 또는 거의 백색으로 퇴색된다. 이때 중앙 부분은 암색으로 주변보다 짙다. 주름살은 대에 끝붙은주름살형으로 좁고 빽빽하며, 분홍백색을 띤다. 대의 길이는 3~5cm 정도이고 원동형이며, 위아래 굵기가 비슷하고 종종 편압되어 있다. 속은 차 있으나 점차 빈다. 포자문은 백색 또는 옅은 황색이며, 포자 모양은 긴 타원형이다.

발생 시기 및 장소 여름에서 가을 사이에 혼합림 내 낙엽 위에 무리 지어 발생한다.

밀꽃애기버섯 _ 낙엽 위에 무리 지어 발생한다.

밀꽃애기버섯 _ 주름진 갓 표면

바늘땀버섯

학명 *Inocybe calospora* Quél.

분류 땀버섯속 Inocybe | 땀버섯과 Inocybaceae | 주름버섯목 Agaricales | 주름버섯강 Agaricomycetes | 담자균문 Basidiomycota

구분 독버섯

바늘땀버섯 _ 어린 자실체

바늘땀버섯 _ 건성의 대

형태적 특성 갓은 지름이 1~2.5cm로 원추형이나 성장하면 종형, 반반구형 또는 중앙볼록편평형으로 된다. 표면은 건성이고 방사상으로 섬유질이나 점차 비듬상인편으로 갈라지고 종종 끝이 약간 반전되어 있으며, 회갈색 또는 적갈색을 띤다. 조직은 얇고 백색이며 밤꽃 냄새가 난다. 주름살은 완전붙은주름살 또는 끝붙은주름살로 좁으며 약간 빽빽하고, 유백색이나 성장하면 갈색을 띤다. 주름살날은 백색의 분질이 있다. 대는 2.5~4.2cm로 기부 쪽이 다소 굵으며, 표면은 건성이고 회갈색 또는 적갈색을 띤다. 종으로 섬유질이 있으며 백색의 분질 또는 면모상 분실이 있다. 포자문은 적갈색이며, 포자 모양은 유구형이거나 넓은 타원형이고, 표면에는 침상 돌기(2~3μm)가 있다.

| 발생 시기 및 장소 | 여름과 가을에 활엽수림 또는 혼합림의 지상에 소수 무리 지어 발생하며, 다소 드물게 발견된다.

바늘땀버섯 _ 비듬상 인편이 있는 갓

바늘땀버섯 _ 종형의 갓

배젖버섯

학명 *Lactarius volemus* (Fr.) Fr.

분류 젖버섯속 Lactarius | 무당버섯과 Russulaceae | 무당버섯목 Russulales | 주름버섯강 Agaricomycetes | 담자균문 Basidiomycota

구분 식용버섯

배젖버섯 _ 상처를 입으면 나오는 유액

배젖버섯 _ 우윳빛의 유액

형태적 특성 갓은 지름이 5~12cm 정도이고, 처음에는 반반구형이며 갓 끝이 안쪽으로 굽어 있으나 성장하면서 갓 끝이 펴지고 중앙이 들어간 깔때기 모양이 된다. 갓 표면은 매끄럽거나 가루 같은 것이 있으며, 황갈색을 띤다. 조직은 백색이나 상처를 입으면 백색의 유액이 나온 후에 갈색으로 변한다. 주름살은 내린주름살형으로 다소 빽빽하고, 백색 또는 연한 황색이며, 상처를 입으면 백색의 유액이 다량 분비된 후에 갈색으로 변한다. 대의 길이는 3~10cm 정도이고, 원통형으로 아래쪽이 가늘다. 유액의 맛은 자극적이지 않다. 대의 표면은 갓과 같은 색을 띤다. 포자문은 백색이고, 포자 모양은 구형이며 표면에 망목이 있다.

| 발생 시기 및 장소 | 여름부터 가을 사이에 활엽수림의 땅 위에 홀로 또는 무리 지어 발생하며 나무뿌리와 공생하는 균근성 버섯이다.

배젖버섯 _ 백색의 주름살

버터철쭉버섯

학명 *Rhodocollybia butyracea* (Bull.) Lennox

분류 철쭉버섯속 Rhodocollybia | 화경버섯과 Omphalotaceae | 주름버섯목 Agaricales | 주름버섯강 Agaricomycetes | 담자균문 Basidiomycota

구분 식용버섯

버터철쭉버섯 _ 어린 자실체

버터철쭉버섯 _ 성장하여 갓 끝이 올라간 모습

형태적 특성 갓은 지름이 3~6cm 정도이며, 초기에는 반반구형이고 끝은 안쪽으로 굽어 있으나 성장하면서 끝이 점차 편평하게 되고 중앙 부위는 약간 볼록하다. 표면은 매끄럽고 암적갈색 또는 연한 황토색을 띠며, 버터 표면과 같은 느낌을 준다. 조직은 얇고 유백색이나 갓 표피하층은 연한 갈색을 띠며, 맛은 부드럽고 냄새는 불분명하다. 주름살은 대에 끝붙은주름살형이며 빽빽하고, 초기에는 백색이나 성장하면 적갈색의 얼룩이 생기며, 주름살 끝은 평활하다. 대의 길이는 2~7cm, 굵기는 0.2~0.5cm 정도이며, 기부와 부착된 부분이 약간 굵고, 백색의 털이 나 있다. 포자문은 연한 황색이며, 포자 모양은 타원형이다.

| 발생 시기 및 장소 | 여름에서 가을까지 침엽수림이 많은 숲속 낙엽 위에 무리 지어 발생하는 낙엽분해성 버섯이다.

버터철쭉버섯 _ 버터와 같은 느낌의 매끄러운 갓

버터철쭉버섯 _ 백색 포자를 가진 주름살

복분자버섯

학명 *Annulohypoxylon truncatum* (Starbäck) Y.M. Ju, J.D. Rogers & H.M. Hsieh

분류 복분자버섯속 Annulohypoxylon | 콩꼬투리버섯과 Xylariaceae | 콩꼬투리버섯목 Xylariales | 동충하초강 Sordariomycetes | 자낭균문 Ascomycota

구분 불명버섯

복분자버섯 _ 구형 또는 반구형의 검은색 자실체

복분자버섯 _ 고목에 발생한 모습

형태적 특성 자실체는 지름이 0.5~1cm 정도이고 구형 또는 반구형이다. 표면은 오디처럼 생겼으며 검은색을 띠고, 기주에서 쉽게 분리되지 않으며 매우 단단하다. 자낭각은 매몰되거나 반매몰된 상태로 나타난다. 자낭포자는 한쪽이 편평한 타원형으로 불규칙하며 흑갈색이다.

| 발생 시기 및 장소 | 1년 내내 활엽수의 가지 또는 고목에서 목재를 썩히며 무리 지어 발생한다.

복분자버섯 _ 성숙한 자실체는 오디와 유사한 자좌가 있다.

분홍느타리

학명 *Pleurotus djamor* (Rumph. ex Fr.) Boedijn

분류 느타리속 Pleurotus | 느타리과 Pleurotaceae | 주름버섯목 Agaricales | 주름버섯강 Agaricomycetes | 담자균문 Basidiomycota

구분 식용버섯

분홍느타리 _ 대에 긴내린주름살

분홍느타리 _ 부채형 또는 조개형의 자실체

형태적 특성 갓은 지름이 0.3~1.4cm로 성장 초기에는 반반구형이고, 갓 끝 부위는 안쪽으로 말려 있으나 성장하면 점차 펼쳐져 부채형 또는 조개형이 되며, 끝 부위는 다소 파상의 굴곡이 있다. 표면은 평활하거나 다소 면모상이고, 어리고 신선할 때에는 아름다운 분홍색을 띠나 성장하면 퇴색한다. 조직은 옅은 분홍색을 띠며 탄력성이 있고, 특히 대 기부 쪽은 질기고 탄력성이 강하다. 다소 밀가루 냄새가 있다. 주름살은 대에 긴내린주름살이고 다소 빽빽하며, 선명한 분홍색을 띤다. 주름살날은 평활하다. 대는 0.8~3cm로 주로 측생이고, 기부는 종종 백색 균사로 덮여 있으며, 대부분 대의 발육이 저조하여 버섯 전체의 모양이 주걱 또는 조개형이다. 포자문은 분홍색이며, 포자 모양은 원통형이다. 포자벽은 얇고 무색이며 비아밀로이드이다.

| 발생 시기 및 장소 | 여름부터 가을 사이에 버드나무, 포플러 등 활엽수의 그루터기 또는 고사목에 다수 무리 지어 발생한다.

분홍느타리 _ 뭉쳐서 발생하는 자실체

분홍느타리 _ 안쪽으로 말린 갓 끝

불로초(영지)

학명 *Ganoderma lucidum* (Curtis) P. Karst.

분류 불로초속 Ganoderma | 불로초과 Ganodermataceae | 구멍장이버섯목 Polyporales | 주름버섯강 Agaricomycetes | 담자균문 Basidiomycota

구분 약용버섯

불로초(영지) _ 갓이 형성되지 않은 어린 자실체

불로초(영지) _ 적갈색인 갓 표면

형태적 특성 갓은 지름이 5~20cm이고 두께는 1~3cm이며, 원형 또는 콩팥형이다. 버섯 전체가 옻칠을 한 것처럼 광택이 난다. 표면은 적갈색이고, 갓 둘레는 생장하는 동안은 광택이 나는 황색이며, 동심원상의 얕은 고리 홈선이 있다. 조직은 단단한 목질로 2층으로 되어 있으며, 상층은 백색이고 아래층은 갈황색이다. 관공은 1층이고 길이는 0.5~1cm이며, 관공구는 원형이다. 대의 길이는 2~10cm이고 검은 적갈색으로 휘어져 있으며, 측생이다. 포자문은 살색이고, 포사 모양은 난형이다.

| 발생 시기 및 장소 | 여름부터 가을까지 활엽수의 생목 밑동이나 그루터기 위에 무리 지어 나거나 홀로 발생하며, 부생생활을 한다.

불로초(영지) _ 동심원상의 고리 홈선

불로초(영지) _ 불로초(재배)

붉은덕다리버섯

학명 *Laetiporus miniatus* (Jungh.) Overeem

분류 덕다리버섯속 Laetiporus | 잔나비버섯과 Fomitopsidaceae | 구멍장이버섯목 Polyporales | 주름버섯강 Agaricomycetes | 담자균문 Basidiomycota

구분 식용버섯

붉은덕다리버섯 _ 활엽수에 발생한 모습

붉은덕다리버섯 _ 파상형인 갓 둘레

형태적 특성 갓은 지름이 5~20cm, 두께가 1~3cm 정도이며, 부채형 또는 반원형이다. 표면은 선홍색 또는 황적색이나 마르면 백색으로 된다. 갓은 성장하면서 여러 개가 겹쳐서 난다. 갓 둘레는 파상형 또는 갈라진 형이다. 조직은 초기에는 갓 표면과 같은 색을 띠며 탄력성이 있고 유연하나, 성숙하면 점차 퇴색하여 백색으로 되며 잘 부서진다. 자실층은 관공형이고, 관공은 길이가 0.2~1cm 정도이며 황갈색이다. 관공구는 자으면서 원형이다. 대는 없으며, 갓의 측면 일부가 직접 기주에 부착되어 있다. 포자문은 백색이며, 포자 모양은 타원형이다.

| 발생 시기 및 장소 | 봄부터 여름까지 활엽수의 생목이나 고목 그루터기에 발생하며, 목재를 썩히는 부후생활을 한다.

붉은덕다리버섯 _ 선홍색 또는 황적색의 부채형 자실체

붉은덕다리버섯 _ 대가 없이 기주에 부착된 모습

붉은사슴뿔버섯

학명 *Podostroma cornu-damae* (Pat.) Boedijin

분류 사슴뿔버섯속 Podostroma | 점버섯과 Hypocreaceae | 동충하초목 Hypocreales | 동충하초강 Pezizomycotina | 자낭균문 Ascomycota

구분 독버섯

붉은사슴뿔버섯 _ 어린 자실체

붉은사슴뿔버섯 _ 평활한 자실체 표면

형태적 특성 자실체는 원통형으로 키가 3.4~8.5cm, 너비가 0.5~1.5cm이고, 종종 손가락 또는 뿔 모양의 분지를 형성하며, 정단부는 둥글거나 뾰족하다. 표면은 평활하며 다소 분질상이고 적등황색 또는 등황적색을 띤다. 조직은 백색이며 냄새는 불분명하고, 맛은 부드럽다. 자낭각은 완전매몰형이고, 자낭포자는 구형이고 불완전한 망목(높이 1~1.5μm)이 있으며 갈색이다.

발생 시기 및 장소 주로 여름과 가을에 활엽수 또는 침엽수의 그루터기 위 또는 그루터기 주위에 발생하며, 국내에서는 비교적 드물게 발생한다.

붉은사슴뿔버섯 _ 백색의 조직

붉은사슴뿔버섯 _ 적색을 띠는 사슴뿔 모양의 자실체

붉은싸리버섯

학명 *Ramaria formosa* (Pers.) Quél.

분류 싸리버섯속 Ramaria | 나팔버섯과 Gomphaceae | 나팔버섯목 Gomphales | 주름버섯강 Agaricomycetes | 담자균문 Basidiomycota

구분 독버섯

붉은싸리버섯 _ U자형 또는 포크형의 분지를 가진 자실체

붉은싸리버섯 _ 분지 끝은 성숙하면 붉은색을 띤다.

형태적 특성

자실체는 중간형 또는 대형으로 키가 7.5~15(20)cm, 너비가 5.5~14.5(20)cm인 산호형이다. 초기에는 짧고 뭉툭한 자루 모양이며, 상단부에서 2~6개의 분지가 나타나고 위쪽으로 4~6회 분지가 형성된다. 상부 쪽의 분지는 점점 가늘고 짧다. 분지는 2분지 또는 다분지형이며, 분지의 모양은 포크형 또는 U자형이고, 분지 끝은 뾰족하거나 뭉툭하다. 대의 지하부는 백색 또는 옅은 갈백색을 띠고, 지상부는 맑은 적색 또는 분홍색이다. 분지 끝은 맑은 황색을 띠나, 성숙하면 다소 붉은색으로 퇴색되어 회등황색을 띤다. 조직은 백색이고 상처를 입으면 적갈색으로 변한다. 육질형이거나 육질상 섬유질형이고, 분필처럼 잘 부서지며, 신맛이 있나. 포자문은 임황색 또는 황색이며, 포자는 긴 타원형이고 표면에 크고 불규칙한 돌기(사마귀상)가 있으며, 코튼블루(cotton blue) 용액에 염색된다.

| 발생 시기 및 장소 | 주로 늦은 여름과 가을에 활엽수림의 지상에 무리 지어 발생하며 흔히 발견된다.

붉은싸리버섯 _ 노화되면 퇴색되어 회등황색을 띤다.

붉은싸리버섯 _ 활엽수림에 무리 지어 발생한 모습

비늘버섯

학명 *Pholiota squarrosa* (Vahl) P. Kumm.

분류 비늘버섯속 Pholiota | 포도버섯과 Strophariaceae | 주름버섯목 Agaricales | 주름버섯강 Agaricomycetes | 담자균문 Basidiomycota

구분 독버섯

형태적 특성

갓은 지름이 2.5~6.5cm로 성장 초기에는 반구형 또는 종형이나 성장하면 반반구형으로 되다가 편평하게 퍼진다. 대부분 가운데가 약간 볼록하며, 갓 끝은 오랫동안 안쪽으로 굽어 있다. 표면은 습할 때에도 건조하며, 옅은 황색 또는 올리브황색 바탕에 끝이 반전된 등황갈색 또는 암갈색의 비늘상 인피(squarrose)가 동심원상으로 배열되어 있다. 중심 쪽은 더 짙은 색을 띠며 밀집되어 있다. 성장 초기 갓 끝은 섬유상 또는 섬유상 막질의 내피막으로 싸여 있으나 성장하면 내피막의 잔유물이 쉽게 소실된다. 조직은 육질형이며 얇고 황백색이다. 일반적인 버섯 냄새가 나거나 분명하지 않으며 맛은 부드럽다. 주름살은 대에 완전붙은주름살이거나 짧은내린주름살로 빽빽하고 다소 넓은 편이다. 초기에는 맑은 올리브황색이나 성장하면 올리브갈색을 띠고, 주름살날은 평활하다. 대의 길이는 5.2~15cm로 원통형이고 상하 굵기가 비슷하거나 기부 쪽이 다소 굵으며, 일반적으로 휘거나 종종 굽어 있다. 표면은 턱받이 위쪽은 면모상 또는 미분질이며 맑은 황백색이고, 턱받이 아래는 옅은 황색 바탕에 갈색의 비늘상 인피, 손거스러미상 인피 또는 암갈색 인피가 산재해 있다. 기부 쪽은 짙은 색을 띠고 가늘며, 옆의 다른 대와 합생(concrescented)하여 종종 다발을 이룬다. 포자문은 짙은 황갈색이고, 포자는 타원형이고 평활하며, 포자벽은 얇고 정단부에 작고 분명한 발아공이 있다.

비늘버섯 _ 어린 개체의 반구형 갓과 섬유질상 내피막

비늘버섯 _ 대 아래쪽의 손거스러미상 인피

비늘버섯 _ 갓 표면의 비늘상 인피

| 발생 시기 및 장소 | 여름에서 가을까지 활엽수 고사목의 그루터기에 무리 지어 발생하며 침엽수에서도 발생한다.

뽕나무버섯

학명 *Armillaria mellea* (Vahl) P. Kumm.

분류 뽕나무버섯속 Armillaria | 뽕나무버섯과 Physalacriaceae | 주름버섯목 Agaricales | 주름버섯강 Agaricomycetes | 담자균문 Basidiomycota

구분 식용버섯

뽕나무버섯 _ 연한 갈색의 내린주름살

뽕나무버섯 _ 대의 표면은 황갈색, 기부는 검은 갈색이다.

형태적 특성 갓은 지름이 3~15cm 정도로 처음에는 평반구형이나 성장하면서 편평형이 된다. 갓 표면은 연한 갈색 또는 황갈색이며, 중앙부에 진한 갈색의 미세한 인편이 나 있고, 갓 둘레에는 방사상의 줄무늬가 있다. 주름살은 내린주름살형이며 약간 성글고, 처음에는 백색이나 성장하면서 연한 갈색의 상흔이 나타난다. 대의 길이는 4~15cm 정도이고 섬유질이며, 아래쪽이 약간 굵다. 표면은 황갈색을 띠며 아래쪽은 검은 갈색이다. 턱받이는 백황색의 막질로 이루어져 있다. 포자문은 백색이며, 포자 모양은 타원형이다.

| 발생 시기 및 장소 | 봄부터 늦은 가을까지 활엽수, 침엽수의 생나무 그루터기, 죽은 가지 등에 뭉쳐서 발생하는 활물기생성 버섯이다.

뽕나무버섯 _ 갈색의 인편이 있는 갓 중앙부

뽕나무버섯 _ 백황색의 막질로 이루어진 턱받이

뽕나무버섯부치

학명 *Armillaria tabescens* (Scop.) Singer

분류 뽕나무버섯속 Armillaria | 뽕나무버섯과 Physalacriaceae | 주름버섯목 Agaricales | 주름버섯강 Agaricomycetes | 담자균문 Basidiomycota

구분 식용버섯

형태적 특성 갓은 지름이 2.5~5.4cm로 초기에는 반구형 또는 반반구형이나, 성장하면 편평하게 되거나 중앙오목편평형으로 된다. 표면은 옅은 황토색, 옅은 황색 또는 옅은 갈황색을 띠며, 중앙 부위에는 미세한 섬유상 인편이 밀집하여 있고, 주변부에는 방사상의 선이 있다. 주름살은 대에 완전붙은주름살 또는 짧은내린주름살이며, 약간 성글다. 초기에는 유백색 또는 황백색이나 후에 갈색의 얼룩이 지며, 주름살날은 평활하다. 대는 길이가 4.5~10.5cm로 원통형이며 상하 굵기가 비슷하고, 종종 다소 비틀려 있다. 표면은 건성이며 종으로 섬유질이 있고, 갓과 같은 옅은 황토색 또는 옅은 황색을 띠나 하부 쪽은 점차 갈색으로 된다. 대 기부에 균사속을 형성한다. 턱받이는 없다. 포자문은 백색 또는 옅은 황색이며, 포자 모양은 넓은 타원형이고 평활하며 멜저 용액에서 비아밀로이드이다.

| 발생 시기 및 장소 | 여름부터 가을 사이에 광엽수의 고사목, 그루터기 또는 생목의 뿌리 주위에 무리 지어 나거나 뭉쳐서 발생한다.

뽕나무버섯부치 _ 짧은 내린주름살

뽕나무버섯부치 _ 다발성의 자실체

뿔나팔버섯

학명 *Craterellus cornucopioides* (L.) Pers.

분류 뿔나팔버섯속 Craterellus | 꾀꼬리버섯과 Cantharellaceae | 꾀꼬리버섯목 Cantharellales | 주름버섯강 Agaricomycetes | 담자균문 Basidiomycota

구분 식용버섯

뿔나팔버섯 _ 기부까지 뚫려 있는 중심부의 구멍

뿔나팔버섯 _ 파도형의 갓 끝과 회백색의 대 표면

형태적 특성 갓은 지름이 1~5cm 정도이며, 전체 길이는 5~10cm 정도로 나팔꽃형이다. 갓 표면은 흑갈색 또는 흑색이고, 비듬상의 인피가 덮여 있다. 갓 끝은 파도형이고, 조직은 얇고 질기다. 자실층은 기복이 심한 주름상이며 긴 내린형이고, 회색이다. 대의 길이는 3~4cm 정도이며, 중심부는 기부까지 뚫려 있다. 표면은 회백색이다. 포자문은 백색이며, 포자 모양은 타원형이다.

| 발생 시기 및 장소 | 여름부터 가을까지 혼합림 내 부식질이 많은 토양에서 무리 지어 나거나 홀로 발생한다.

뿔나팔버섯 _ 나팔 모양의 자실체

뿔나팔버섯 _ 혼합림 내 토양에 발생한 모습

삼색도장버섯

학명 *Daedaleopsis tricolor* (Bull.) Bondartsev & Singer

분류 도장버섯속 Daedaleopsis | 구멍장이버섯과 Polyporaceae | 구멍장이버섯목 Polyporales | 주름버섯강 Agaricomycetes | 담자균문 Basidiomycota

구분 불명버섯

삼색도장버섯 _ 가죽처럼 질긴 조직

삼색도장버섯 _ 불규칙한 톱니 모양의 주름살

형태적 특성 갓은 지름이 2~8cm이며, 두께는 0.5~0.8cm이고, 반원형 또는 편평한 조개껍데기 모양이다. 갓 표면은 흑갈색, 다갈색 또는 자갈색 등의 좁은 고리 무늬와 방사상의 미세한 주름이 있다. 조직은 회백색 또는 백황색이며, 가죽처럼 질기다. 갓 밑면의 자실층은 방사상으로 배열된 주름상이며, 주름살날은 불규칙한 톱니 모양이고, 처음에는 회백색이나 점차 회갈색으로 된다. 대는 없고, 갓의 한 끝이 기주에 부착되어 있다. 포자문은 백색이고, 포자 모양은 원통형이다.

발생 시기 및 장소 1년 내내 고목이나 죽은 나무에 무리 지어 발생하며, 부생생활로 목재를 썩힌다. 여러 개가 기왓장 모양으로 겹쳐서 발생한다.

삼색도장버섯 _ 포자 형성층인 갓 아랫면

삼색도장버섯 _ 대가 없이 기주에 부착한다.

삿갓외대버섯

학명 *Entoloma rhodopolium* (Fr.) P. Kumm.

분류 외대버섯속 Entoloma | 외대버섯과 Entolomataceae | 주름버섯목 Agaricales | 주름버섯강 Agaricomycetes | 담자균문 Basidiomycota

구분 독버섯

샷갓외대버섯 _ 회색 또는 회황토색의 갓

샷갓외대버섯 _ 백색의 조직

형태적 특성

갓은 지름이 3~8cm 정도로 처음에는 종형이나 성장하면서 볼록편평형이 된다. 갓 표면은 매끄럽고, 습하면 회색 또는 회황토색을 띠고 반투명선이 나타난다. 건조하면 연한 색으로 퇴색되고, 비단상의 광택이 난다. 조직은 백색이며 얇다. 주름살은 완전붙은주름살형이나 성장하면서 끝붙은주름살형이 되고, 약간 빽빽하며, 처음에는 백색이나 점차 연한 분홍색이 된다. 대의 길이는 5~10cm 정도이며 원통형이고, 위아래 굵기가 비슷하거나 위쪽이 가늘다. 대의 속은 비어 있으며, 표면은 백색이다. 포자문은 연한 분홍색이며, 포자 모양은 다면체이다.

| 발생 시기 및 장소 | 여름부터 가을까지 활엽수림 내 땅 위에 홀로 또는 흩어져 발생한다.

샷갓외대버섯 _ 대는 비어 있고 다소 구부러져 있다.

샷갓외대버섯 _ 비단상 광택이 있는 갓

색시졸각버섯

학명 *Laccaria vinaceoavellanea* Hongo

분류 졸각버섯속 Laccaria | 졸각버섯과 Hydnangiaceae | 주름버섯목 Agaricales | 주름버섯강 Agaricomycetes | 담자균문 Basidiomycota

구분 식용버섯

색시졸각버섯 _ 아래쪽이 굵고 비틀려 있는 대

색시졸각버섯 _ 건조하여 갓 끝이 변색한 모습

형태적 특성 갓은 지름이 3~8cm 정도로 처음에는 중앙오목반반구형이나 성장하면서 중앙오목편평형으로 된다. 갓 표면은 매끄럽거나 종종 중앙 부위에 비듬상 인편이 있으며, 습할 때 반투명선이 있고, 갓 주변에는 방사상의 주름선이 있으며, 옅은 황갈색이다. 조직은 얇고 탄력성이 있으며, 옅은 살색을 띤다. 주름살은 대에 짧은내린주름살형이며 성글고, 갓과 같은 색을 띠며, 주름살 끝은 매끄럽다. 대의 길이는 4~9cm 정도로 원통형이며, 위아래 굵기가 비슷하거나 아래쪽이 굵고, 종종 비틀려 있다. 대 표면은 건성이고, 세로로 섬유질의 선이 있으며, 갓과 같은 살색을 띤다. 기부는 다소 유백색을 띠고, 탄력성이 있으며, 속은 차 있다. 포자문은 백색이며, 포자 모양은 구형이다.

| 발생 시기 및 장소 | 여름부터 가을 사이에 혼합림 내의 땅 위에 홀로 또는 무리 지어 발생한다.

색시졸각버섯 _ 중앙부가 들어간 형태의 갓

색시졸각버섯 _ 갓과 같은 색을 띤 성근 주름살

소나무능이

학명 *Sarcodon scabrosus* (Fr.) P. Karst.

분류 능이속 Sarcodon | 노루털버섯과 Bankeraceae | 사마귀버섯목 Thelephorales | 주름버섯강 Agaricomycetes | 담자균문 Basidiomycota

구분 독버섯

소나무능이 _ 회갈색의 자실층

소나무능이 _ 침형이며 쓴맛이 나는 자실층

형태적 특성 갓은 지름이 5~10cm 정도이며, 평반구형 또는 깔때기형이다. 갓 표면은 연한 갈색이고, 인편상 털이 빽빽이 퍼져 있다. 자실층은 길이 0.7cm가량의 침이 돋아나 있으며, 회갈색이다. 조직은 황색 또는 흑색이다. 대의 길이는 3~4cm 정도로 아래쪽으로 차츰 가늘어지고, 표면은 회색 또는 연한 갈색이다. 포자문은 연한 갈색이며, 포자 모양은 유구형이다.

| 발생 시기 및 장소 | 여름과 가을에 침엽수림 내 땅 위에 무리 지어 나거나 홀로 발생한다.

소나무능이 _ 참엽수림 내에 자생하는 모습

송이

학명 *Tricholoma matsutake* (S. Ito. & S. Imai) Singer

분류 송이속 Tricholoma | 송이과 Tricholomataceae | 주름버섯목 Agaricales | 주름버섯강 Agaricomycetes | 담자균문 Basidiomycota

구분 식용버섯

송이 _ 어린 자실체

송이 _ 원통형의 대

송이 _ 백색 분질물이 있는 턱받이

형태적 특성 갓은 지름이 5~25cm 정도이고, 초기에는 구형이며, 가장자리 안쪽으로 말려 있다. 또한 갓은 섬유상 막질의 내피막으로 싸여 있으나 성장하면 갓 끝이 펴지며 편평한 모양으로 되고 위로 올라간다. 갓 표면은 옅은 황색 바탕에 황갈색, 적갈색의 섬유상 인피 또는 누운 섬유상 인피가 있으며, 성장하면 종종 방사상으로 갈라져 백색의 조직이 노출되기도 한다. 조직은 백색으로 육질형이고 치밀하며, 특유한 향기가 나고 맛이 좋다. 주름살은 대에 홈주름살이고 약간 치밀하며, 백색이나 성장하면서 갈색의 얼룩이 진다. 주름살 끝은 매끄럽다. 대의 길이는 5~15cm 정도이며, 원통형으로 위아래 굵기가 비슷하다. 턱받이 위쪽은 백색이고, 분질물이 있으며, 아래쪽은 갓과 같은 갈색 섬유상의 인피가 있다. 포자문은 무색이며, 포자 모양은 타원형이다.

| 발생 시기 및 장소 | 가을(고도의 차이가 있으나 9~10월)에 도양온도가 19~20℃ 이하로 내려가면 적송림 내의 땅 위에 흩어져 나거나 무리 지어 균환 형태를 띠며 발생한다. 소나무 뿌리에 외생균근균을 형성하여 공생한다.

송이 _ 갓과 같은 섬유상 인피가 있는 대

송이 _ 방사상으로 갈라진 갓 표면

싸리버섯

학명 *Ramaria botrytis* (Pers.) Ricken

분류 싸리버섯속 Ramaria | 나팔버섯과 Gomphaceae | 나팔버섯목 Gomphales | 주름버섯강 Agaricomycetes | 담자균문 Basidiomycota

구분 약용버섯

싸리버섯 _ 연분홍색이나 자색을 띠는 분지 끝

싸리버섯 _ 산호형의 분지가 많은 자실체

형태적 특성 자실체는 키가 5~20cm, 너비가 5~20cm 정도의 산호형이다. 대의 굵기는 5cm 정도이며, 위쪽으로 많은 분지가 되풀이된다. 대는 백색의 나무토막처럼 생겼으며, 분지 끝은 연한 홍색이나 연한 자색을 띤다. 대 부위의 색은 백색이나 성장하면서 황토색으로 변한다. 조직은 백색이며, 속이 차 있다. 포자문은 황토색이며, 포자 모양은 긴 타원형이다.

발생 시기 및 장소 여름부터 가을까지 활엽수림 내의 땅 위에 뭉쳐서 발생한다.

싸리버섯 _ 분지 끝은 2~3개로 갈라진다.

싸리버섯 _ 뭉쳐서 발생한 모습

아까시흰구멍버섯

학명 *Perenniporia fraxinea* (Bull.) Ryvarden

분류 흰구멍버섯속 Perenniporia | 구멍장이버섯과 Polyporaceae | 구멍장이버섯목 Polyporales | 주름버섯강 Agaricomycetes | 담자균문 Basidiomycota

구분 약용버섯

아까시흰구멍버섯 _ 겹쳐서 발생한 자실체

아까시흰구멍버섯 _ 연한 황색의 갓 가장자리

형태적 특성 1년생으로 갓은 지름이 5~20cm, 두께가 1~2cm 정도이고, 처음에는 반구형이며 연한 황색 또는 난황색의 혹처럼 덩어리진 모양으로 발생하였다가 성장하면서 반원형으로 편평해진다. 갓 표면은 적갈색이나 차차 흑갈색이 되며, 각피화된다. 갓 가장자리는 성장하는 동안 연한 황색이고, 환문이 있다. 조직은 코르크질이고 연한 황갈색이다. 자실층은 황색에서 회백색으로 되며, 상처를 주면 검은 갈색의 얼룩이 생긴다. 관공은 한 개의 층으로 형성되며, 길이는 0.3~1cm 정도이고, 관공구는 원형으로 조밀하다. 포자문은 백색이며, 포자 모양은 난형이고 두꺼운 벽을 가지고 있다.

발생 시기 및 장소 | 봄부터 가을 사이에 벚나무, 아까시나무 등 활엽수의 살아 있는 나무 밑동에 무리 지어 발생하며, 목재를 썩히는 부생생활을 한다.

아까시흰구멍버섯 _ 자실층은 미색을 띤다.

아까시흰구멍버섯 _ 아까시나무 그루터기에 발생한 모습

양송이

학명 *Agaricus bisporus* Hongo

분류 주름버섯속 Agaricus | 주름버섯과 Agaricaceae | 주름버섯목 Agaricales | 주름버섯강 Agaricomycetes | 담자균문 Basidiomycota

구분 식용버섯

형태적 특성 갓은 지름이 3.5~12cm이며 초기에는 반반구형 또는 구형이나 성장하면 반반구형, 중앙볼록편평형 또는 편평형이 된다. 표면은 백색 또는 담황갈색으로 초기에는 평활하나 점차 백색 또는 갈색의 섬유상 인편이 나타난다. 조직은 두껍고 육질형이며 백색이나, 상처를 입으면 담홍색으로 변한다. 맛은 부드럽고 일반적인 버섯 향기가 있다. 주름살은 떨어진주름살이며 빽빽하고, 초기에는 백색이나 점차 담홍색으로 되며, 완전 성숙하면 갈색 또는 암자갈색이 된다. 주름살날은 백색이고 평활하다. 대의 길이는 3.5~7.5cm로 상하 굵기가 비슷하거나 기부 쪽이 다소 굵거나 팽대해 있다. 표면은 백색이고, 턱받이 상부는 섬세한 섬유질 또는 미세한 섬유상 인피가 있고, 초기에는 백색이지만 성장하면 회갈색의 섬유질 인피가 있다. 대 상부에 백색의 막질로 된 턱받이가 있으며, 상부는 방사상으로 홈선이 있다. 포자문은 암자갈색이며, 포자 모양은 광타원형이고 표면은 평활하며, 포자벽은 두껍다.

발생 시기 및 장소 | 여름에서 가을 사이에 잔디밭 또는 퇴비 더미 주위 등 부식질이 많은 곳에 뭉쳐나거나 무리 지어 발생한다.

양송이 _ 두껍고 육질형인 백색의 갓 조직

양송이 _ 섬세한 섬유질 인피가 있는 턱받이

양송이 _ 잔디밭에 발생한 모습

어리알버섯

학명 *Scleroderma verrucosum* (Bull.) Pers.

분류 어리알버섯속 Scleroderma | 어리알버섯과 Sclerodermataceae | 그물버섯목 Boletales | 주름버섯강 Agaricomycetes | 담자균문 Basidiomycota

구분 독버섯

어리알버섯 _ 어릴 때 자실체를 자르면 남색을 띤다.

어리알버섯 _ 표면이 불규칙하게 갈라지는 성숙한 자실체

형태적 특성 자실체는 키가 2~7cm, 지름이 2~8cm로서 지름이 키보다 큰 것이 많으며 유구형이다. 표면은 황갈색이고, 진한 색의 작은 인편이 점을 이루고 있다. 표면은 성숙하면 불규칙하게 갈라지고 흑갈색으로 된다. 공 모양의 기본체 아래쪽으로 짧은 대가 있고, 기부에는 백색의 균사속이 있다. 외피막 속에 기본체가 있으며, 기본체를 자르면 어릴 때는 백색의 조직에 검은 반점이 나타나지만 성장하면 진한 올리브갈색을 띤다. 포자는 진한 갈색이며, 구형이다.

발생 시기 및 장소 | 여름부터 가을까지 산림 내 모래땅 위에 무리 지어 발생한다.

어리알버섯 _ 작은 인편이 점을 이루고 있다.

어리알버섯 _ 진갈색의 포자는 비나 바람을 이용해 비산한다.

오징어새주둥이버섯

학명 *Lysurus arachnoideus* (E. Fisch.) Trierv.-Per. & Hosaka

분류 새주둥이버섯속 Lysurus | 말뚝버섯과 Phallaceae | 말뚝버섯목 Phallales | 주름버섯강 Agaricomycetes | 담자균문 Basidiomycota

구분 독버섯

오징어새주둥이버섯 _ 자실탁지를 벌리기 전의 자실체

오징어새주둥이버섯 _ 방사상으로 펼쳐진 자실탁지

형태적 특성

자실체는 초기 지중생 또는 지상생으로 백색의 구형, 유구형, 난형(지름 1~1.6cm)이고, 유백색 또는 분홍색을 띤 담황토색 막질의 외피막(exoperidium)으로 싸여 있으며, 기부에 백색 균사속이 있고, 매트상의 두꺼운 균사괴를 형성한다. 성장하면 윗부분이 갈라지고 대가 나타나며, 상부에 자실탁은 직립상이다. 자실탁은 6~16개의 자실탁지로 되어 있으며, 계속 성장하면 방사상으로 수평으로 펼쳐진다. 대의 길이는 2.5~5.8cm로 백색인 원통형이고, 1~2층의 포말상 소실로 되어 있는 위유조직이며, 속은 비어 있다. 자실탁지는 6~16개로 백색이고 끝은 가늘고 뾰족하며, 내부는 관상형의 소실이 단층으로 되어 있고 횡으로 주름이 접혀 있으며, 속은 비어 있다. 기본체는 자실탁지 기부 부위의 안쪽에 점액상이고 암록갈색으로 포자 덩어리를 형성하며 고약한 냄새가 난다. 포자는 원통상 타원형이고 얇으며 무색이고, 비아밀로이드이다.

| 발생 시기 및 장소 | 초여름부터 가을 사이에 정원이나 목장 부식질이 풍부한 곳 또는 목재 파편상에 무리 지어 또는 균륜을 이루며 발생하는 부후균이다.

오징어새주둥이버섯 _ 6~16개 정도의 자실탁지

오징어새주둥이버섯 _ 알에 싸인 포자와 자실탁

요강주발버섯

학명 *Peziza vesiculosa* Bull.

분류 주발버섯속 Peziza | 주발버섯과 Pezizaceae | 주발버섯목 Pezizales | 주발버섯강 Pezizomycetes | 자낭균문 Ascomycota

구분 식용버섯

요강주발버섯 _ 주발형 또는 찻잔형의 불규칙한 자실체

요강주발버섯 _ 불규칙하게 일그러진 갓

형태적 특성 자실체는 지름이 4.2~8.9cm로 초기에는 방광형 또는 난형이나, 점차 상단 부위가 갈라져 주발형 또는 찻잔형을 이룬다. 종종 불규칙하게 일그러진 것도 있으나 접시 모양으로 편평하게 펴지지는 않는다. 끝 부위는 대부분 안쪽으로 굽어 있으며, 불규칙하게 갈라져 있다. 자실층은 윗면 안쪽에 있으며 평활하고, 밝은 황토갈색을 띤다. 바깥쪽은 평활하거나 비듬상 돌기가 있으며 황토색, 어두운 황토색 또는 황토백색을 띤다. 조직은 얇고 잘 부서지며, 표면과 거의 같거나 옅은 색이다. 맛과 향기는 불분명하다. 자낭포자는 타원형이며, 표면은 평활하고 무색이다. 자낭 안에 8-포자를 내생하며, 정단부는 멜저 용액에서 아밀로이드이다. 자실층사는 긴 원통형이고, 정단 부위는 약간 유구형으로 팽대하여 있으며, 격막이 있다. 격막이 있는 곳은 약간 잘록하다.

| 발생 시기 및 장소 | 초여름에서 가을 사이에 퇴비 더미 주위, 우분 또는 마분이 있는 주위 또는 양송이 재배장에 소수가 다발 또는 무리 지어 발생한다.

요강주발버섯 _ 컵 안에서 자낭포자가 형성된다.

요강주발버섯 _ 안쪽으로 굽어 있는 갓 끝부분

잎새버섯

학명 *Grifola frondosa* (Dicks.) Gray

분류 잎새버섯속 Grifola | 왕잎새버섯과 Meripilaceae | 구멍장이버섯목 Polyporales | 주름버섯강 Agaricomycetes | 담자균문 Basidiomycota

구분 약용버섯

잎새버섯 _ 수많은 분지로 갈라진 산호 모양의 자실체

잎새버섯 _ 담황색을 띠는 다발형 자실체

형태적 특성

자실체는 뭉툭한 대에서 무수하게 분지가 갈라지며 그 위에 작은 갓이 형성되어 하나의 커다랗고 둥그스름한 다발을 이룬다. 갓은 다소 작고 두꺼우며 부채형, 조개형, 꽃잎형, 반원형 또는 구두칼형이다. 표면은 초기에 흑색 또는 흑갈색을 띠나 후에 점차 퇴색되어 황토색 또는 옅은 회흑갈색으로 된다. 그 위에 방사상의 섬유질이 있고, 선명하지 않은 둥근 무늬가 있다. 조직은 부드럽고 유연하며, 씹을 때 감촉이 좋은 육질형이고, 백색이다. 맛은 부드럽다. 자실층은 관공형이고 대에 내린관공형이며, 백색이다. 관공구는 원형 또는 다소 불완전한 타원형이며, 백색이다. 대는 뭉툭하고 굵으며, 바로 윗부분에서 수많은 분지로 갈라져 산호 모양을 이루고, 유백색 또는 담황색을 띤다. 조직은 단단하며 충실하나 잘 부서진다. 포자문은 백색이고, 포자 모양은 난형 또는 광타원형이며, 표면은 평활하다. 포자벽은 얇고, 멜저 용액에서 비아밀로이드이다.

| 발생 시기 및 장소 | 가을에 졸참나무, 물푸레나무의 뿌리 근처에 사물 기생하며, 모여서 발생하는 백색의 목재부후균이다.

잎새버섯 _ 백색인 관공구

잎새버섯 _ 뿌리 근처에 기생하는 자실체

자작나무시루뻔버섯

학명 *Inonotus obliquus* (Ach. ex Pers.) Pilát

분류 시루뻔버섯속 Inonotus | 소나무비늘버섯과 Hymenochaetaceae | 소나무비늘버섯목 Hymenochaetales | 주름버섯강 Agaricomycetes | 담자균문 Basidiomycota

구분 약용버섯

형태적 특성 일반적으로 관찰되는 덩어리 부분은 불완전세대로 불규칙한 균핵형이다. 자실체는 키가 9~25cm이고, 표면은 암갈색 또는 검은색으로 거북 등과 같이 갈라져 있으며, 조직은 쉽게 부서지고, 자르면 검은색으로 변색된다. 자실층은 배착형이며, 표면은 관공형이고, 종종 수피 아랫부분에 군데군데 발생되며, 크기는 1~10cm 정도의 불규칙한 조각 형태이고, 두께는 0.5~1cm이다. 자실층의 색은 어릴 때는 백색을 띠나 갈색으로 변하며, 오래되면 암갈색을 띤다. 관공구는 각진 형이거나 타원형이고, 길이는 약 1cm이며, 관공수는 0.1cm당 3~5개이다. 자실층 형성 균사층은 드물게 발달되기도 한다. 조직은 싱싱할 때 부드럽거나 코르크질이며, 건조하면 딱딱해지고 쉽게 부서진다. 포자는 2가지 형태이다. 후막포자는 난형이고 올리브갈색을 띠며, 담자포자는 광학현미경 하에서 무색이며 타원형이다.

자작나무시루뻔버섯 _ 딱딱하고 쉽게 부서지는 조직

| 발생 시기 및 장소 | 자작나무 등 활엽수의 생목이나 고사목에 발생하며, 목재를 백색으로 썩히는 부생생활을 한다.

자작나무시루뻔버섯 _ 암갈색 또는 검은색의 자실체

자작나무시루뻔버섯 _ 활엽수의 수피에 발생한 모습

자주졸각버섯

학명 *Laccaria amethystina* Cooke

분류 졸각버섯속 Laccaria | 졸각버섯과 Hydnangiaceae | 주름버섯목 Agaricales | 주름버섯강 Agaricomycetes | 담자균문 Basidiomycota

구분 식용버섯

자주졸각버섯 _ 습할 때 짙은 자색을 띠는 갓

자주졸각버섯 _ 두껍고 성긴 주름살

형태적 특성 갓은 지름이 1.5~3.6cm이고 성장 초기에 반반구형이고 갓 끝은 위쪽으로 굽어 있으나 성장하면서 갓 끝이 펴져 편평하게 되거나 중앙오목편평형이 된다. 갓 끝이 종종 위로 반전되고 드물게는 파상으로 굴곡이 진다. 표면은 초기 또는 습할 때는 짙은 자색이고, 건조 시 퇴색하여 옅은 회갈색을 띤다. 조직은 얇고, 섬유상 육질형이며 다소 탄력성이 있고, 옅은 보라색을 띤다. 맛과 향기는 부드럽다. 주름살은 대에 끝붙은주름살 또는 짧은내린주름살로 두껍고 성글며, 자색을 띤다. 주름살 사이에는 간맥이 있고 주름살날은 평활하지 않다. 대의 길이는 2.3~5.7cm이고 원통형이며 대부분 구부러져 있고, 상하 굵기가 같거나 종종 상부 쪽이 굵다. 표면은 갓과 같은 색이거나 약간 적자갈색 또는 옅은 보라색 바탕에 종으로 백색의 섬유질이 있고, 탄력성이 있으며, 기부 쪽은 유백색이다. 포자문은 백색이며, 포자 모양은 유구형이고 표면에는 침상 돌기가 밀포되어 있고, 멜저 용액에서 비아밀로이드이다.

| 발생 시기 및 장소 | 여름에서 가을 사이에 혼합림 내의 지상 또는 도로변에 무리 지어 발생하는 외생균근형성균이다.

자주졸각버섯 _ 구부러져 있는 대

자주졸각버섯 _ 대에 끝붙은주름살은 자색을 띤다.

잔나비버섯

학명 *Fomitopsis pinicola* (Sw.) P. Karst.

분류 잔나비버섯속 Fomitopsis | 잔나비버섯과 Fomitopsidaceae | 구멍장이버섯목 Polyporales | 주름버섯강 Agaricomycetes | 담자균문 Basidiomycota

구분 약용버섯

잔나비버섯 _ 다년생의 대형 버섯을 형성하는 자실체

잔나비버섯 _ 생장과정을 나타내는 환문

형태적 특성 갓은 지름이 5~50cm 정도인 대형 버섯으로 두께 3~30cm 정도까지 자란다. 처음에는 반구형이나 성장하면서 편평한 말굽형이 되고, 표면에 각피가 있다. 갓의 색깔은 백색이나 점차 적갈색 또는 회갈색이 되고, 생장과정을 나타내는 환문이 있다. 조직은 백색이고 목질이다. 자실층은 황백색이고, 관공은 여러 개의 층으로 형성되며, 관공구는 원형이다. 포자문은 백색이며, 포자 모양은 타원형이다.

| 발생 시기 및 장소 | 주로 침엽수의 고목 또는 살아 있는 나무 위에 발생하는 다년생 버섯이다.

잔나비버섯 _ 관공은 황백색을 띤다.

잔나비버섯 _ 침엽수의 고목에서 발생한 모습

잔나비불로초

학명 *Ganoderma applanatum* (Pers.) Pat.

분류 불로초속 Ganoderma | 불로초과 Ganodermataceae | 구멍장이버섯목 Polyporales | 주름버섯강 Agaricomycetes | 담자균문 Basidiomycota

구분 약용버섯

잔나비불로초 _ 성장 초기의 관공은 백색을 띤다.

잔나비불로초 _ 동심원상 줄무늬가 있는 갓 표면

형태적 특성 갓은 지름이 5~50cm 정도이고, 두께가 2~5cm로 매년 성장하여 60cm가 넘는 것도 있으며, 편평한 반원형 또는 말굽형이다. 갓 표면은 울퉁불퉁한 각피로 덮여 있고, 동심원상 줄무늬가 있으며, 황갈색 또는 회갈색을 띤다. 종종 적갈색의 포자가 덮여 있다. 갓 하면인 자실층은 성장 초기에는 백색이나 성숙하면서 회갈색으로 변하나, 만지거나 문지르면 갈색으로 변한다. 조직은 단단한 목질이고, 관공구는 원형으로 여러 층에 있으며, 지름이 1cm 정도이다. 대는 없고, 기주 옆에 붙어 생활한다. 포자문은 갈색이고, 포자 모양은 난형이다.

| 발생 시기 및 장소 | 봄부터 가을 사이에 활엽수의 고사목이나 썩어가는 부위에 발생하며, 다년생으로 1년 내내 목재를 썩히며 성장한다.

잔나비불로초 _ 갓 표면에 갈색의 포자가 싸여 있다.

잔나비불로초 _ 활엽수 그루터기에 자생하는 모습

잿빛만가닥버섯

학명 *Lyophyllum decastes* (Fr.) Singer

분류 만가닥버섯속 Lyophyllum | 만가닥버섯과 Lyophyllaceae | 주름버섯목 Agaricales | 주름버섯강 Agaricomycetes | 담자균문 Basidiomycota

구분 식용버섯

형태적 특성 자실체는 송이형 또는 애기버섯형으로 지름이 3.5~8.5cm이다. 모양은 초기에 반구형 또는 반반구형이고, 갓 끝은 안쪽으로 말려 있으나 성장하면 거의 편평하게 펴진다. 종종 중앙이 약간 볼록하거나 드물게는 중앙이 약간 오목하고, 끝 부위는 다소 파상으로 굴곡이 있다. 표면은 평활하고, 회갈색 또는 암올리브 갈색을 띠나 점차 옅은 회갈색으로 된다. 조직은 중앙 부위가 두껍고 갓의 끝쪽은 얇으며, 육질형 또는 섬유상 육질형으로 탄력성이 있고, 백색 또는 옅은 회색이다. 맛은 부드럽고, 향기는 불분명하다. 주름살은 대에 완전붙은주름살이거나 짧은내린주름살이고 빽빽하다. 주름살날은 평활하고, 성장 초기에는 유백색이다. 대의 길이는 3.4~7.5cm로 원통형이고, 상하 굵기가 같거나 기부가 약간 굵으며, 종종 약간 뒤틀려 있고, 드물게는 갓에 편심형으로 부착되어 있다. 표면은 평활하며, 종으로 섬유질이 있다. 상부에는 백색의 분질이 있으며, 초기에는 백색, 백회색 또는 옅은 회갈색을 띠고, 탄력성이 있다. 포자문은 백색이고, 포자 모양은 구형 또는 유구형이며, 표면은 평활하고, 멜저 용액에서 비아밀로이드이다.

발생 시기 및 장소 이른 봄 또는 늦가을에 참나무림, 침엽수림 내의 지상 또는 도로변, 정원, 화전지에 다수 무리 지어 발생한다.

잿빛만가닥버섯 _ 생장 초기의 유백색인 주름살

잿빛만가닥버섯 _ 굴곡이 진 갓 끝

잿빛만가닥버섯 _ 빽빽한 짧은내린주름살

잿빛만가닥버섯 _ 무리 지어 발생한 모습

적갈색애주름버섯

학명 *Mycena haematopus* (Pers.) P. Kumm.

분류 애주름버섯속 Mycena | 애주름버섯과 Mycenaceae | 주름버섯목 Agaricales | 주름버섯강 Agaricomycetes | 담자균문 Basidiomycota

구분 식용버섯

형태적 특성 갓은 지름이 0.8~3.5cm이고 초기에는 반구형이나 점차 종형 또는 원추상 종형이 되며, 갓 중앙에 종종 유두상 돌기가 있다. 표면은 건성이고 평활하며, 갈분홍색, 분홍갈색, 담적자색 또는 적갈색을 띤다. 중앙 부위는 짙은 색을 띠며, 습할 때 반투명선이 갓 길이의 1/2~2/3까지 있다. 갓 끝은 거치상 또는 치아상(내피막의 잔유물)이나 쉽게 탈락한다. 조직은 육질상 섬유질로 비교적 얇고 단단하며 적갈색이다. 향기는 특별하지 않거나 곰팡이 냄새가 나고 맛은 비교적 부드럽다. 주름살은 홈내린주름살 또는 홈주름살이고, 약간 빽빽하며 비교적 좁다. 초기에는 유백색 또는 맑은 분홍크림색이나 성장하면 육색 또는 담적자색을 띠고, 상처를 입으면 암색의 반점이 생긴다. 주름살 사이에 간맥은 불분명하며 주름살날은 평활하다. 대는 길이가 2.5~6.5cm로 원통형이고 상하 굵기가 비슷하며, 대 기부는 나뭇가지나 목재에 융착되어 있다. 표면은 건성이고 평활하며, 상부에 종종 분질이 있고, 담분홍갈색 갓과 동색이다. 상처를 입으면 암갈적색의 유액이 나오고 시간이 지나면 암색의 얼룩이 지며, 속은 비어 있다. 포자 모양은 타원형이거나 원통상 타원형이다. 표면은 평활하며 무색이고, 멜저 용액에서 아밀로이드이다. 포자문은 담황백색이다.

발생 시기 및 장소 늦은 봄에서 가을까지 주로 활엽수의 둥치, 가지, 낙지 위에 무리 지어 또는 모여서 발생한다.

적갈색애주름버섯 _ 어린 자실체

적갈색애주름버섯 _ 종 모양의 갓

적갈색애주름버섯 _ 분홍크림색의 주름살

적갈색애주름버섯 _ 무리 지어 발생한 모습

젖버섯

학명 *Lactarius piperatus* (L.) Pers.

분류 젖버섯속 Lactarius | 무당버섯과 Russulaceae | 무당버섯목 Russulales | 주름버섯강 Agaricomycetes | 담자균문 Basidiomycota

구분 독버섯

젖버섯 _ 깔때기 모양의 자실체

젖버섯 _ 백색의 주름살

형태적 특성 갓은 지름이 4~18cm이고 깔때기 모양이다. 갓 표면은 매끄럽고 주름이 있으며, 중앙부는 황백색을 띠나 끝 부위는 백색이며, 황갈색의 얼룩이 생긴다. 갓 끝은 어릴 때는 굽은 형이고, 성장하면서 펴진다. 주름살은 내린주름살형으로 간격이 좁고 2개로 갈라지며, 크림색이고 빽빽하다. 조직에 상처를 주면 백색 유액이 분비되며, 변색하지 않고, 혀를 자극하는 매운맛이 난다. 대의 길이는 3~10cm이며 아래쪽이 약간 가늘고, 표면은 백색이다. 포자문은 백색이며, 포자 모양은 타원형이다.

| 발생 시기 및 장소 | 여름부터 가을 사이에 활엽수 또는 침엽수림의 땅에 무리 지어 발생하며, 외생균근성 버섯이다.

젖버섯 _ 매끄러운 갓 표면

젖버섯 _ 매운맛이 나는 백색의 유액

족제비눈물버섯

학명 *Psathyrella candolleana* (Fr.) Maire

분류 눈물버섯속 Psathyrella | 눈물버섯과 Psathyrellaceae | 주름버섯목 Agari cales | 주름버섯강 Agaricomycetes | 담자균문 Basidiomycota

구분 식용버섯

족제비눈물버섯 _ 유구형의 갓

족제비눈물버섯 _ 쉽게 부서지는 갓

형태적 특성 갓은 지름이 2~8cm 정도이며, 초기에는 유구형이고 갓 끝은 안쪽으로 굽어 있으나 성장하면 편평하게 펴진다. 갓 끝에 내피막 잔유물이 부착되어 있으나 곧 소실된다. 표면은 담황색이고, 어릴 때 백색의 미세한 섬유질 인피가 있으나 성장하면서 소실된다. 조직은 얇고 잘 부서지며, 갓과 같은 색을 띠며 맛과 향기는 부드럽다. 주름살은 대에 완전붙은주름살형이고 빽빽하며, 초기에는 백색이나 성장하면서 점차 회색을 띠다가 자흑색이 된다. 대의 길이는 2~7cm 정도이며, 기부 쪽이 약간 굵다. 대의 속은 비어 있어 약간의 힘을 주면 딱 소리가 나면서 부러진다. 포자문은 흑색이고, 포자 모양은 타원형이다.

| 발생 시기 및 장소 | 봄부터 가을까지 숲, 정원, 공원, 활엽수 그루터기 등에 홀로 또는 무리 지어 발생한다.

족제비눈물버섯 _ 회색을 띠는 주름살

족제비눈물버섯 _ 갓 끝의 내피막 잔여물

좀벌집구멍장이버섯

학명 *Polyporus arcularius* (Batsch) Fr.

분류 구멍장이버섯속 Polyporus | 구멍장이버섯과 Polyporaceae | 구멍장이버섯목 Polyporales | 주름버섯강 Agaricomycetes | 담자균문 Basidiomycota

구분 식용버섯

형태적 특성 갓은 지름이 3~5cm 정도이며 원형 또는 깔때기형이다. 표면은 황백색 또는 연한 갈색이고, 갈라진 작은 인편이 있다. 조직은 백색이며 부드러운 혁질이다. 관공은 0.1~0.2cm 정도이며 백색 또는 크림색이고, 관공구는 0.1cm 이하로 타원형이며 방사상으로 배열되어 있다. 대의 길이는 1~5cm 정도이며, 굵기는 0.2~0.5cm 정도로 원주상이며, 질기고 단단하다. 포자문은 백색이고, 포자 모양은 긴 타원형이다.

좀벌집구멍장이버섯 _ 갓 표면에 작은 인편이 밀포한 모습

| 발생 시기 및 장소 | 여름부터 가을까지 활엽수의 고목, 부러진 가지, 그루터기 위에 무리 지어 발생하며, 부생생활을 한다. 나뭇가지가 매몰된 땅 위에 무리 지어 발생하기도 한다.

좀벌집구멍장이버섯 _ 크림색의 관공과 타원형의 관공구

주름버섯

학명 *Agaricus campestris* L.

분류 주름버섯속 Agaricus | 주름버섯과 Agaricaceae | 주름버섯목 Agaricales | 주름버섯강 Agaricomycetes | 담자균문 Basidiomycota

구분 식용버섯

형태적 특성

주름버섯 _ 어린 자실체

갓은 지름이 3.5~10.5cm이며, 초기에는 구형 또는 반구형이다. 갓 끝은 백색의 얇은 막질 또는 섬유상 면모의 내피막으로 싸여 있으며, 점차 편평하게 펴지거나 다소 중앙볼록편평형으로 된다. 표면은 백색이지만 후에 담황색을 띠고, 평활하거나 섬유상 인편이 있다. 건조 시에는 견사와 같은 광택이 나며, 조직은 두껍고 육질형이며 백색이나 상처를 입으면 적변한다. 맛과 향기는 부드럽다. 주름살은 대에 떨어진주름살이며 빽빽하다. 초기에는 백색 또는 옅은 분홍색이나 후에 홍색으로 변하고, 완전히 성숙하면 차차 자갈색 또는 암자갈색을 띠게 된다. 주름살날은 분질상이다. 대의 길이는 3.5~8.6cm이고, 상하 굵기가 비슷하거나 상부 쪽이 가늘고 기부가 좁아진다. 표면은 어릴 때 종으로 백색의 섬세한 섬유질이나 면상 섬유질 인피가 있으며, 성장하면 옅은 갈색을 띤다. 대 표면은 신선할 때 문지르면 옅은 홍색을 띤다. 대의 상부에는 백색의 막질 또는 섬유상 면모의 턱받이가 있으나 턱받이 모양이 양호하지 못하며 쉽게 없어진다. 포자문은 자갈색이며, 포자 모양은 타원형 또는 난형이며, 표면은 평활하고 세포벽은 두껍다.

| 발생 시기 및 장소 | 여름부터 가을 사이에 잔디밭과 목장 골프장, 나지 등의 부식질이 많은 곳에 무리 지어 발생한다.

주름버섯 _ 대에 떨어진주름살

주름버섯 _ 잔디밭에서 발생한 모습

찹쌀떡버섯

학명 *Bovista plumbea* Pers.

분류 찹쌀떡버섯속 Bovista | 주름버섯과 Agaricaceae | 주름버섯목 Agaricales | 주름버섯강 Agaricomycetes | 담자균문 Basidiomycota

구분 식용버섯

찹쌀떡버섯 _ 백색의 소돌기로 밀포된 자실체

찹쌀떡버섯 _ 노숙하여 연황색으로 변한 자실체

형태적 특성 자실체는 지름이 1~4cm로 구형이며, 표면은 백색이고 백색의 소돌기가 부착되어 있다. 성숙하면 연약한 외피가 벗겨지고 견고한 내피가 나타나며, 표면이 황토색으로 변하고, 상단 부위에 하나의 소공이 생긴다. 하부 쪽은 뿌리 형태의 균사가 토양과 연결되어 있으며, 어떤 것은 종으로 주름살이 있는 것도 있다. 포자 모양은 꼬리가 있는 난형이며, 연한 갈색이다.

| 발생 시기 및 장소 | 여름부터 가을까지 초원이나 공터 등에 무리 지어 발생한다.

찹쌀떡버섯 _ 어릴 때 백색을 띠는 조직

찹쌀떡버섯 _ 성숙하면 외피가 벗겨진다.

큰갓버섯

학명 *Macrolepiota procera* (Scop.) Singer

분류 큰갓버섯속 Macrolepiota | 주름버섯과 Agaricaceae | 주름버섯목 Agaricales | 주름버섯강 Agaricomycetes | 담자균문 Basidiomycota

구분 식용버섯

큰갓버섯 _ 원추형의 갓을 가진 어린 자실체

큰갓버섯 _ 적갈색의 섬유상 인편이 있는 갓 표면

형태적 특성 갓은 지름이 5~30cm 정도이며, 처음에는 구형이나 성장하면서 편평해진다. 갓 표면은 건성이고 연한 회갈색 또는 회갈색이며, 표피가 갈라지면서 생긴 적갈색의 거친 섬유상 인편이 동심원상으로 덮여 있다. 조직은 두껍고 만지면 스펀지처럼 들어가는 느낌이 있으며, 백색이다. 주름살은 떨어진주름살형이며 빽빽하고, 백색이나 성장하면서 연한 황색의 흔적이 나타난다. 대는 15~30cm 정도로 길며, 원통형이고 속은 비어 있다. 표면은 갈색 또는 회갈색이며, 성장하면서 표피가 갈라져 뱀 껍질 모양을 이룬다. 대를 찢으면 세로로 길게 섬유질처럼 찢어지며, 기부는 구근상이다. 턱받이는 반지형으로 위아래로 움직일 수 있다. 포자문은 백색이며, 포자 모양은 타원형이다.

| 발생 시기 및 장소 | 여름부터 가을까지 풀밭, 목장, 숲속에 나며, 초식동물의 배설물이나 유기질이 많은 땅 위에 홀로 또는 흩어져 발생한다.

큰갓버섯 _ 백색의 주름살과 상하로 움직이는 턱받이

큰갓버섯 _ 잔디밭에서 흩어져 발생한 모습

털목이

학명 *Auricularia nigricans* (Sw.) Birkebak, Looney & Sánchez-García

분류 목이속 Auricularia | 목이과 Auriculariaceae | 목이목 Auriculariales | 주름버섯강 Agaricomycetes | 담자균문 Basidiomycota

구분 식용버섯

털목이 _ 회갈색의 털로 덮인 자실체

털목이 _ 주발 모양, 귀 모양의 자실체

형태적 특성 자실체는 지름이 2~8cm 정도이고, 주발 모양 또는 귀 모양 등 다양하며, 젤라틴질이다. 갓 윗면(비자실층)은 가운데 또는 일부가 기주에 부착되어 있고, 약간 주름져 있거나 파상형이다. 표면은 회갈색의 거친 털로 덮여 있고, 갈색 또는 회갈색을 띠며 노후되면 거의 흑색으로 된다. 아랫면(자실층)은 매끄럽거나 불규칙한 간맥이 있고, 갈색 또는 흑갈색을 띤다. 조직은 습할 때 젤라틴질이며, 유연하고 탄력성이 있으나 건조하면 수축하여 굳어지며, 각질화된다. 건조된 상태로 물속에 담그면 원상태로 되살아난다. 포자문은 백색이고, 포자 모양은 콩팥형이다.

발생 시기 및 장소 봄부터 가을 사이에 활엽수의 고목, 그루터기, 죽은 가지에 무리 지어 발생한다.

털목이 _ 갈색 또는 회갈색의 젤라틴질 자실체

털목이 _ 고목에 발생한 모습

파리버섯

학명 *Amanita melleiceps* Hongo

분류 광대버섯속 Amanita | 광대버섯과 Amanitaceae | 주름버섯목 Agaricales | 주름버섯강 Agaricomycetes | 담자균문 Basidiomycota

구분 독버섯

파리버섯 _ 어린 자실체

파리버섯 _ 방사상의 홈선이 있는 갓

형태적 특성 갓은 지름이 2.7~5.6cm로 구형, 반구형이나 성숙하면 반반구형이거나 편평하게 펴진다. 표면은 습할 때 점성이 있으며 담황색, 황토색을 띠고, 백색 또는 담황색의 분질이 산재해 있으며, 방사상의 홈선이 있다. 조직은 얇고 유백색 또는 옅은 황색을 띠며 잘 부서진다. 주름살은 떨어진주름살이고 성글며 백색을 띠고, 주름살 날은 평활하다. 대는 3.3~5.8cm로 원통형이고, 기부는 팽대하여 구근상을 이룬다. 표면은 백색 또는 옅은 황색을 띠고, 구근상 위에는 담황색의 분질물이 덮여 있으나 소실된다. 성장하면 대의 속은 빈다. 턱받이는 없다. 포자문은 백색이고, 포자는 광타원형이며 비아밀로이드이다.

| 발생 시기 및 장소 | 여름에 주로 발견되는데, 적송림 또는 참나무림의 지상에 흩어져 발생한다.

파리버섯 _ 백색 또는 담황색의 분질이 산재한 갓 표면

파리버섯 _ 성숙한 자실체의 갓과 주름살

팽나무버섯(팽이)

학명 *Flammulina velutipes* (Curtis) Singer

분류 팽나무버섯속 Flammulina | 뽕나무버섯과 Physalacriaceae | 주름버섯목 Agaricales | 주름버섯강 Agaricomycetes | 담자균문 Basidiomycota

구분 식용버섯

팽나무버섯(팽이) _ 어린 자실체

팽나무버섯(팽이) _ 갈색종의 팽나무버섯

형태적 특성 자실체는 지름이 1.5~6.5cm로 초기에는 모양이 반구형 또는 종상 반구형이나 후에는 반반구형 또는 편평해진다. 점성이 현저하고, 황갈색 또는 등황갈색이나 끝 부위는 옅은 색을 띤다. 갓 표피는 잘 벗겨진다. 조직은 두껍고, 백색 또는 담황색이며, 부드러운 육질형이다. 맛은 부드럽고, 짙은 버섯 향기가 난다. 주름살은 대에 완전붙은주름살 또는 홈주름살이고 다소 빽빽하며, 초기에는 백색을 띠지만 성장하면서 점차 옅은 황색 또는 옅은 등황색을 띤다. 주름살 사이에 간맥이 있고 주름살날은 평활하다. 대의 길이는 2~7.8cm로 원통형이며, 상하의 굵기가 비슷하거나 기부 쪽이 굵고, 드물게는 상부가 넓으며 종종 편압되어 있다. 표면은 융단상의 모가 있고 기부 쪽은 섬유상 모가 있으며, 흑갈색 또는 갈흑색을 띠고, 상부 쪽은 황색을 띤다. 속은 차 있으나 성장하면 점차 빈다. 포자문은 백색이다. 포자 모양은 원통상 타원형이고, 표면은 평활하며 무색이고, 멜저 용액 반응에서 비아밀로이드이다.

발생 시기 및 장소 늦가을과 이른 봄에 뽕나무, 감나무, 아까시나무, 포플러 등 활엽수림에서 뭉쳐나거나 소수 무리 지어 발생한다.

팽나무버섯(팽이) _ 성장한 자실체

팽나무버섯(팽이) _ 나무 밑둥에 뭉쳐 자라는 모습

풀버섯

학명 *Volvariella volvacea* (Bull.) Singer, in Wasser

분류 비단털버섯속 Volvariella | 난버섯과 Pluteaceae | 주름버섯목 Agaricales | 주름버섯강 Agaricomycetes | 담자균문 Basidiomycota

구분 식용버섯

형태적 특성

자실체는 성장 초기에는 작고 검은 난형이나 점차 윗부분이 파열되어 갓과 대가 나타난다. 갓은 지름이 3.5~15cm로, 어릴 때는 난형 또는 종형이나 성숙하면 반반구형으로 된다. 표면은 회갈색 또는 흑갈색의 바탕에 흑색의 섬유상 털이 밀포되어 있다. 조직은 유연하고, 백색 또는 회백색이며 빠르게 액화 현상이 일어난다. 맛과 향기는 부드럽다. 주름살은 간격이 넓고 편복형이며, 떨어진주름살로 빽빽하고, 백색이었다가 후에 육색을 띤다. 주름살날은 다소 분질상이다. 대는 길이가 4.4~14cm로 원통형이며, 상부 쪽이 가늘고 기부 쪽이 굵다. 표면은 백색 또는 담갈색을 띠며 평활하고, 기부는 구근상이며, 흑갈색의 두꺼운 막질로 된 대주머니로 둘러싸여 있고, 대주머니는 꽃잎형이다. 초기에는 속이 차 있으나 성장하면 속이 빈다. 포자문은 육색이며, 포자 모양은 장타원형 또는 타원형이고 평활하며, 비아밀로이드이다.

풀버섯 _ 육색을 띠는 분질상의 주름살

발생 시기 및 장소 주로 여름철의 고온다습한 시기에 퇴비 더미 또는 톱밥 주변에 다수 무리 지어 발생한다.

풀버섯 _ 어린 알을 반으로 자른 모습

풀버섯 _ 퇴비 더미에서 막 자라나는 모습

하늘색깔때기버섯

학명 *Clitocybe odora* (Bull.) P. Kumm.

분류 깔때기버섯속 Clitocybe | 송이과 Tricholomataceae | 주름버섯목 Agaricales | 주름버섯강 Agaricomycetes | 담자균문 Basidiomycota

구분 식용버섯

하늘색깔때기버섯 _ 갓 끝이 안쪽으로 굽어 있는 어린 자실체

하늘색깔때기버섯 _ 청록색을 띠는 갓

형태적 특성 갓은 지름이 3.2~7.5cm로 초기에는 반반구형이고, 갓 끝은 안쪽으로 굽어 있으나 성장하면 펴지며, 주로 중앙오목편평형으로 되거나 드물게는 깔때기형으로 된다. 표면은 평활하고 회록색 또는 청록색을 띤다. 조직은 비교적 얇고 육질형이며 백색이고, 표피하층은 회청색을 띤다. 독특한 향기(유럽 문헌에서 아니스향과 비슷하다고 함)가 나고, 맛은 부드럽거나 아니스와 비슷한 맛이 있다. 주름살은 대에 완전붙은주름살 또는 내린주름살로 약간 성글거나 약간 빽빽하고, 백색 또는 옅은 회청색을 띠며, 주름살날은 평활하다. 대는 길이가 2.4~5.6cm로 원통형이며, 상하 굵기가 비슷하거나 상부 쪽이 다소 가늘고, 종종 기부에는 백색의 균사벌이 있다. 표면은 평활하거나 종으로 섬유질선이 있고, 갓과 같은 회청색을 띤다. 포자문은 담황색이며, 포자 모양은 타원형이며, 표면은 평활하고, 멜저 용액에서 비아밀로이드이다.

| 발생 시기 및 장소 | 여름에서 가을까지 저지대에서 고산지대까지 잡목림 내의 지상에 흩어져서, 혹은 다소 무리 지어 발생한다.

하늘색깔때기버섯 _ 잡목림 안에서 발생한 모습

하늘색깔때기버섯 _ 대에 내린주름살

황갈색먹물버섯

학명 *Coprinellus radians* (Desm.) Vilgalis, Hopple & Jacq. Johnson

분류 갈색먹물버섯속 Coprinellus | 눈물버섯과 Psathyrellaceae | 주름버섯목 Agaricales | 주름버섯강 Agaricomycetes | 담자균문 Basidiomycota

구분 식용버섯

형태적 특성 갓은 지름이 1.1~3cm로 초기에는 난형이나 성장하면 종형, 원추형 또는 반반구형으로 된다. 표면은 황갈색 또는 회갈색을 띠고, 갈색의 작은 비듬상 인편이 산재해 있으나 쉽게 탈락되며, 주변부에 방사상의 가는 주름상 선이 있다. 갓 끝은 다소 불규칙한 파상형이며, 초기에는 내피막 잔유물이 부착되어 있으나 쉽게 소실된다. 조직은 얇고 담황색이며, 다소 육질이고 얇다. 맛과 향기는 불분명하고 특별하지 않다. 주름살은 대에 끝붙은주름살 또는 약간떨어진주름살로 약간 빽빽하고, 초기에는 백색이나 성장하면 갈색을 거쳐 흑색이 되며, 액화 현상이 일어난다. 주름살날은 미세한 분질상이다. 대는 길이가 2.5~5cm로 원통형이고, 상하 굵기가 비슷하나 상부 쪽이 다소 가늘다. 표면은 건성이고 백색이며 평활하다. 대 기부 주위와 기질에 길고 굵은 소털 모양의 황갈색 균사괴(ozonium)가 밀포되어 있다. 대의 조직은 연골질이고, 성장하면 속은 비어 있다. 포자문은 검은색을 띤다. 포자는 타원형이며 표면은 평활하고, 발아공이 있다. 포자벽은 약간 두꺼우며, 포자문은 흑색이다.

| 발생 시기 및 장소 | 여름에서 가을 사이에 활엽수(벚나무, 참나무, 수양버드나무 등)의 그루터기 또는 통나무 위에 발생한다.

황갈색먹물버섯 _ 비듬상 인편을 가진 갓

황갈색먹물버섯 _ 황갈색을 띠는 갓 표면

황갈색먹물버섯 _ 자실체 주위에 뻗어 있는 균사괴

황갈색먹물버섯 _ 나무에 발생한 모습

황소비단그물버섯

학명 *Suillus bovinus* (Pers.) Roussel

분류 비단그물버섯속 Suillus | 비단그물버섯과 Suillaceae | 그물버섯목 Boletales | 주름버섯강 Agaricomycetes | 담자균문 Basidiomycota

구분 식용버섯

황소비단그물버섯 _ 황갈색의 어린 자실체

황소비단그물버섯 _ 다각형의 관공구

형태적 특성

갓은 지름이 3~11cm 정도로 처음에는 반반구형이다. 갓 끝은 안쪽으로 굽어 있으나 성장하면서 편평하게 펴지며, 성숙한 후에는 갓 끝이 위를 향해 반전되기도 한다. 표면은 황갈색 또는 황토색을 띠며, 습할 때는 점성이 있다. 조직은 두껍고 부드러우며, 백색 또는 황백색을 띠고 상처를 입어도 변색하지 않지만 건조하면 보라색을 띤다. 관공은 완전붙은관공형 또는 내린관공형이고, 황색을 띤다. 관공구는 크며 다각형이다. 대의 길이는 3~7cm 정도이며, 상하 굵기가 비슷하거나 위쪽이 다소 가늘다. 대의 표면은 매끄럽고 황갈색이며, 턱받이는 없다. 포자문은 황살색이며, 포자 모양은 방추형이다.

| 발생 시기 및 장소 | 여름부터 가을 사이에 소나무숲 내 땅 위에 홀로 나거나 무리 지어 흩어져 발생한다.

황소비단그물버섯 _ 황갈색을 띠는 내린관공형

황소비단그물버섯 _ 황백색을 띠는 조직

회색두엄먹물버섯

학명 *Coprinopsis atramentaria* (Bull.) Redhead, Vilgalys & Moncalvo

분류 두엄먹물버섯속 Coprinopsis | 눈물버섯과 Psathyrellaceae | 주름버섯목 Agaricales | 주름버섯강 Agaricomycetes | 담자균문 Basidiomycota

구분 독버섯

회색두엄먹물버섯 _ 건조해서 갈라진 갓 표면

회색두엄먹물버섯 _ 검은색을 띠는 포자

형태적 특성 갓은 지름이 3.5~7.5cm로 난형이나 성장하면 종형 또는 원추상 종형으로 발달한다. 표면은 담회색 또는 담회갈색을 띠며, 종종 회갈색의 미세한 인편이 있다. 종종 중앙 부위를 제외하고 방사상으로 잔주름이나 홈선이 있다. 주름살은 끝붙은주름살이며 빽빽하고, 유백색이거나 옅은 회백색이다. 포자가 성숙하면 갓 끝쪽에서부터 자갈색 또는 적갈색을 띠다가 흑색으로 변하며, 포자를 날린 후에 끝에서부터 액화 현상이 나타난다. 대의 길이는 4.5~15.5cm로 기부는 굵으며, 기부는 방추형 뿌리 모양이다. 성장하면 대의 속은 비어 있고, 대 기부 쪽에 내피막의 일부가 불완전한 턱받이를 이루고 있다. 포자문은 갈흑색 또는 흑색이고, 포자는 타원형이며 분명한 발아공이 있다.

| 발생 시기 및 장소 | 농가 주변이나 들판에서 흔히 아침에 발견되는 버섯이며, 해가 뜨면서 먹물처럼 녹아내리는 특징이 있다. 봄과 가을에 정원, 화전지, 도로변의 퇴비 더미 주위 또는 부식질이 많은 곳에서 발생하며 종종 활엽수의 부후목에 무리 지어 발생한다.

회색두엄먹물버섯 _ 담회갈색의 갓

회색두엄먹물버섯 _ 면봉형의 갓

흑얼룩배꼽버섯

학명 *Melanoleuca verrucipes* (Fr.) Singer

분류 배꼽버섯속 Melanoleuca | 송이과 Tricholomataceae | 주름버섯목 Agaricales | 주름버섯강 Agaricomycetes | 담자균문 Basidiomycota

구분 식용버섯

형태적 특성

갓은 지름이 3.4~7.8cm로 초기에는 종형 또는 반반구형이다. 갓 끝은 안쪽으로 말려 있으나 성장하면 펴져서 둔한 중고편평형으로 되고, 종종 갓의 끝 부위가 위로 반전되어 중앙 부위가 다소 낮아지기도 한다. 표면은 건성이고 평활하며, 순백색이나 드물게 중앙 부위는 담갈색을 띤다. 조직은 육질형으로 부드럽고, 백색이다. 약간 독특한 향기가 있으며, 맛은 부드럽다. 주름살은 완전붙은주름살이고 매우 빽빽하다. 짧은주름살은 여러 가지 모양이고 담황백색 또는 백색이며, 주름살날은 평활하다. 대는 길이가 3.5~8.5cm로 원통형이고 상하 굵기가 비슷하나, 종종 기부는 팽대하여 다소 부정형의 구근상이다. 표면은 건성이고 종으로 섬유질선이 있으며, 백색 바탕에 갈흑색 또는 흑갈색의 돌기 또는 면모상 돌기인피가 밀집되어 있다. 종종 대 기부에 백색의 균사모가 있으며, 중심형 또는 약간 편심형이다. 조직은 섬유상 육질로 백색이며, 성장하면 속이 빈다. 포자문은 백색이고, 포자 모양은 타원형이며, 포자반이 있다. 표면에는 미세한 돌기로 밀포되어 있으며, 멜저 용액에서 아밀로이드이다.

흑얼룩배꼽버섯 _ 흑갈색의 돌기가 있는 대

| 발생 시기 및 장소 | 여름에서 가을 사이에 혼합림 내의 지상, 임도, 정원에 소수 무리 지어 발생한다.

흑얼룩배꼽버섯 _ 전체적으로 백색을 띠는 자실체

흑얼룩배꼽버섯 _ 편평한 갓

흑자색그물버섯

학명 *Boletus violaceofuscus* W. F. Chiu

분류 그물버섯속 Boletus | 그물버섯과 Boletaceae | 그물버섯목 Boletales | 주름버섯강 Agaricomycetes | 담자균문 Basidiomycota

구분 식용버섯

형태적 특성 갓은 지름이 3.2~12cm로 모양은 성장 초기에는 반구형이나 성숙하면 반반구형 또는 편평형으로 된다. 표면은 불규칙하게 울퉁불퉁하고, 건성이나 습할 때는 약간 점성이 있다. 색은 초기에 암자색이지만 성장하면 옅은 색으로 변하며 황색, 올리브색, 올리브갈색의 반점이 나타난다. 조직은 두껍고 백색이나 후에 옅은 황색 또는 옅은 황갈색으로 되며, 상처를 입어도 변하지 않는다. 맛과 향기는 부드럽다. 관공은 대에 홈관공형으로, 초기에는 백색이나 성숙하면 황색 또는 황갈색으로 변한다. 관공구는 작고 원형이며, 초기에는 백색 균사로 싸여 있으나 성장하면 관공구가 나타나고, 황색 또는 황갈색으로 된다. 대의 길이는 4.5~10.9cm로 원통형이며, 상하의 굵기가 비슷하거나 종종 하부 쪽이 굵다. 표면은 건성이고 암자갈색이며, 땅속에 있는 기부는 백색이다. 특히 상부 또는 전면에 종으로 길게 늘어난 백색 또는 담자색의 망목이 돌출된다. 포자문은 올리브갈색이며, 포자 모양은 유방추형이며 평활하다.

| 발생 시기 및 장소 | 여름 또는 가을에 활엽수림 또는 참나무류와 소나무류의 혼합림 내의 지상에 2~4개씩 홀로 또는 무리 지어 발생하며, 균근형성균이다.

흑자색그물버섯 _ 어린 자실체

흑자색그물버섯 _ 울퉁불퉁한 갓 표면

흑자색그물버섯 _ 홈관공형의 관공

흑자색그물버섯 _ 혼합림에서 발생한 모습

흰굴뚝버섯

학명 *Boletopsis leucomelaena* (Pers.) Fayod

분류 굴뚝버섯속 Boletopsis | 노루털버섯과 Bankeraceae | 사마귀버섯목 Thelephorales | 주름버섯강 Agaricomycetes | 담자균문 Basidiomycota

구분 식용버섯

형태적 특성

갓은 지름이 4.5~21.2cm로 초기에는 반구형 또는 반반구형이나 후에 편평상 반반구형이 되거나 편평하게 펴지며, 갓 끝은 종종 위쪽으로 반전된다. 표면은 건성이고 초기에는 회백색이나 후에는 회색 또는 흑색으로 되며, 종종 적갈색을 띤 흑색도 있다. 미세한 털이 덮여 있어 다소 부드러운 유피의 촉감이 있다. 조직은 육질형이고, 두께가 1cm 또는 그 이상이며, 초기에는 백색이나 상처를 입으면 적자색 또는 흑색으로 변한다. 맛은 쓰고, 냄새는 불분명하다. 자실층은 갓 하면에 있으며, 관공은 길이가 0.1~0.2cm로 짧다. 관공구는 초기에는 백색이고 매우 작은 원형이나 점차 커지면서 불규칙한 다각형으로 되며, 회색 또는 갈회색을 띤다. 대의 길이는 2.2~7.8cm로 원통형이며 일반적으로 기부 쪽이 가늘고, 초기에는 회백색이나 상처를 입거나 시간이 경과하면 회색 또는 흑색으로 변한다. 속은 차 있으며 육질형이고, 백색이나 상처를 입으면 붉은색을 띠다가 적회색으로 변한다. 포자문은 백색이고, 포자 모양은 난형 또는 유구형이며, 표면에 불규칙한 다각형의 돌기가 있고, 멜저 용액에서 비아밀로이드이다.

흰굴뚝버섯 _ 회백색을 띠는 갓

발생 시기 및 장소 주로 가을에 송이가 나온 후에 침엽수림(잔솔밭) 내의 지상에 소수 무리 지어 발생한다.

흰굴뚝버섯 _ 짧은 대가 있다.

흰굴뚝버섯 _ 백색의 작은 관공

흰달걀버섯

학명 *Amanita hemibapha* (Berk. et Br.) Sacc. subsp. *alba* Y. S. Kim & S. J. Seok

분류 광대버섯속 Amanita | 광대버섯과 Amanitaceae | 주름버섯목 Agaricales | 주름버섯강 Agaricomycetes | 담자균문 Basidiomycota

구분 식용버섯

형태적 특성

흰달걀버섯 _ 외피막을 파열하고 자라는 모습

자실체는 초기에 백색의 난형이지만 성장하면 정단 부위의 외피막이 파열되어 갓과 대가 나타난다. 갓은 지름이 5~16cm이며 초기에는 반구형 또는 종상 반구형이고, 갓 끝은 내피막에 의해 싸여 있으나 성장하면 편평하게 펴지며, 일반적으로 중앙 부위가 돌출되어 있다. 표면은 평활하며, 순백색이고 방사상의 홈선이 선명하게 있다. 습할 때 다소 점성이 있다. 조직은 두꺼우며 육질형이고 백색이다. 맛과 향기는 부드럽다. 주름살은 대에 떨어진주름살이고, 대 정단 부위에 주름살선이 있으며, 약간 빽빽하다. 상단이 넓으며 백색이고, 주름살날은 분질상이다. 짧은주름살은 1- 또는 2-형이고, 대 쪽으로 절두상, 유절두상이거나 길게 신장되어 있다. 대는 길이가 8.7~17.8cm로 원통형이고 상부 쪽이 가늘다. 표면은 백색이고, 초기에는 평활하나 표면이 갈라지며, 갈라진 섬유질 또는 섬유상 인피가 뱀 껍질 모양의 가로 줄무늬를 형성한다. 대 속은 초기에 차 있으나 점차 해면질화 된다. 턱받이는 대부분 대의 상부에 있는데 백색이고 막질이며, 윗면에 방사상으로 홈선이 있다. 대주머니는 크고 두꺼우며, 백색의 막질로 주머니상이다. 포자문은 백색이고, 포자 모양은 광타원형 또는 유구형이며, 표면은 평활하고, 비아밀로이드이다.

| 발생 시기 및 장소 | 여름부터 가을 사이에 활엽수림 또는 혼합림 내의 지상에 흩어져서 또는 소수 무리 지어 발생한다.

흰달걀버섯 _ 내피막이 떨어지는 모습

흰달걀버섯 _ 활엽수림에서 발생한 모습

흰목이

학명 *Tremella fuciformis* Berk.

분류 흰목이속 Tremella | 흰목이과 Tremellaceae | 흰목이목 Tremellales | 흰목이강 Tremellomycetes | 담자균문 Basidiomycota

구분 식용버섯

흰목이 _ 백색의 자실체

흰목이 _ 꽃잎 또는 해초 모양을 이루는 자실체

형태적 특성

자실체는 일반적으로 나무의 수피가 갈라진 곳에서 나온다. 갓은 성장하면 파상형이며, 얇고 주름져 있어 불규칙한 닭벼슬 또는 꽃잎 모양을 이룬다. 점차 무리 지어 집단을 형성하고 해초나 수국 모양을 이룬다. 자실체 전체의 너비는 4.3~11.4cm로 백색이고, 평활하다. 자실층은 양쪽면(전표면)에 분포되어 있다. 조직은 비교적 얇고 반투명하며, 젤라틴질이다. 신선하거나 습할 때는 부드러우나 건조하면 단단하게 수축되고, 물에 넣으면 다시 원상태로 회복된다. 맛은 부드럽고 해초를 씹는 감촉이 있으며, 냄새는 불분명하다. 포자문은 백색이고, 포자 모양은 유구형 또는 난형이며, 포자벽은 얇고, 멜저 용액에서 비아밀로이드이다.

| 발생 시기 및 장소 | 초여름에서 가을 사이에 활엽수 고사목에 홀로 발생한다.

흰목이 _ 얇고 반투명한 젤라틴의 조직

흰목이 _ 활엽수 고사목에 홀로 발생한 모습

흰비단털버섯

학명 *Volvariella bombycina* (Schaeff.) Singer

분류 비단털버섯속 Volvariella | 난버섯과 Pluteaceae | 주름버섯목 Agaricales | 주름버섯강 Agaricomycetes | 담자균문 Basidiomycota

구분 식용버섯

흰비단털버섯 _ 어린 자실체

흰비단털버섯 _ 견사상의 털로 뒤덮인 갓

형태적 특성

자실체는 성장 초기에 작은 난형이지만 점차 윗부분이 파열되어 갓과 대가 나타난다. 갓은 지름이 6.5~15cm이며, 모양은 초기에 종형 또는 반구형이나 후에 반반구형, 중앙볼록반반구형 또는 중앙볼록편평형으로 변한다. 표면은 담황색인데 백색의 가늘고 긴 견사상의 털이 덮여 있다. 갓 끝은 주름살 밖으로 0.5cm 정도 신장되어 있다. 주름살은 떨어진주름살이고 빽빽하며, 초기에는 백색이지만 후에 육색을 띤다. 주름살날은 분질상이다. 대는 길이가 4.6~13.5cm로 원통형이고 기부 쪽이 다소 굵다. 표면은 평활하고 백색이며, 기부는 두껍고, 초기에는 백색이나 후에 황토색 또는 연은 황갈색의 큰 대주머니가 있으며, 상부는 꽃잎 모양으로 2~3개 갈라져 있다. 속은 차 있으나 점차 빈다. 포자문은 육색이고, 포자 모양은 난형 또는 타원형이며 평활하고, 포자벽은 다소 두꺼운 편이다. 비아밀로이드이다.

발생 시기 및 장소 | 여름에 퇴비 더미, 버드나무 고사목, 그루터기 등에 발생한다.

흰비단털버섯 _ 육색을 띠는 주름살

흰비단털버섯 _ 담황색을 띠는 갓

부록 식물의 구조

1) 잎

❶ **구조와 역할 :** 식물의 영양기관 중 하나이다. 줄기의 끝이나 둘레에 붙어 있으며 광합성 작용, 호흡 작용 및 증산 작용을 한다. 일반적으로 나무의 잎은 녹색이며 모양은 넓적하거나 길쭉하다. 잎몸, 잎자루, 턱잎으로 이루어진다.

- 잎몸 – 잎의 가장 중요한 부분으로서 잎사귀를 이루는 넓은 부분을 말하는데, '엽신'이라고도 한다. 잎몸은 잎살과 잎맥으로 이루어지는데, 잎살은 잎의 표피 안쪽에 있는 녹색의 두꺼운 부분으로 잎에서 잎맥을 제외한 나머지 부분을 말한다. 잎살은 엽록체를 품은 부드러운 세포로 되어 있다. 잎맥은 잎살 안에 분포되어 있는 관다발과 그것을 둘러싼 부분을 말하는데, 잎살을 튼튼하게 지탱해 주고 물과 양분의 통로가 된다.
- 잎자루 – 잎몸을 줄기나 가지에 붙게 하는 꼭지 부분이다. 잎을 햇빛이 드는 방향으로 향하게 한다.
- 턱잎 – 잎자루 밑에 붙은 한 쌍의 작은 잎이다. 눈이나 어린잎을 보호하는 역할을 한다. 흔히 쌍떡잎식물에서 볼 수 있다.

〈잎의 구조〉

❷ **잎의 종류 :** 갖춘잎과 안갖춘잎 그리고 홑잎과 겹잎으로 구분한다. 겹잎의 종류는 홀수 깃꼴 겹잎(아까시나무), 짝수 깃꼴 겹잎(활량나물), 짝수 2회 깃꼴 겹잎(자귀나무), 삼출 겹잎(콩), 2회 삼출 겹잎(삼지구엽초) 등이 있다.

- 갖춘잎 – 잎몸, 잎자루, 턱잎을 모두 갖춘 잎이다.
  예 해당화, 산사나무, 나팔꽃, 사과나무, 완두 등
- 안갖춘잎 – 잎몸, 잎자루, 턱잎 가운데 어느 하나라도 없는 잎이다.
  예 참나리, 말나리, 갈대, 옥수수, 잔디, 벼, 보리 등
- 홑잎 – 하나의 잎자루에 한 장의 잎만 붙어 있는 것이다.
  예 벚나무, 산벚나무, 은행나무, 버드나무 등
- 겹잎 – 하나의 잎자루에 잔잎(소엽)이 여러 장 붙어 있는 것이다.
  예 콩, 아까시나무, 칠엽수, 삼지구엽초 등

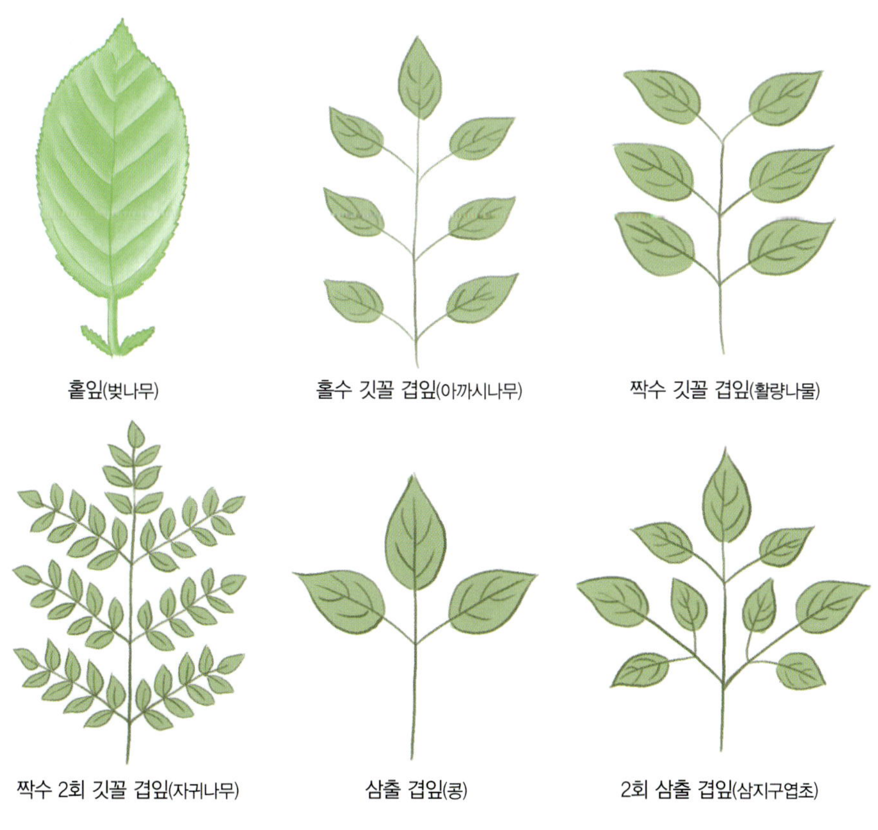

〈잎의 종류〉

❸ 잎의 모양 : 식물의 종류에 따라 잎의 모양은 다양하다. 박태기나무 잎처럼 생긴 심장 모양도 있고, 연잎꿩의다리 잎처럼 생긴 둥근 모양도 있으며, 소나무 잎처럼 생긴 바늘 모양도 있다.

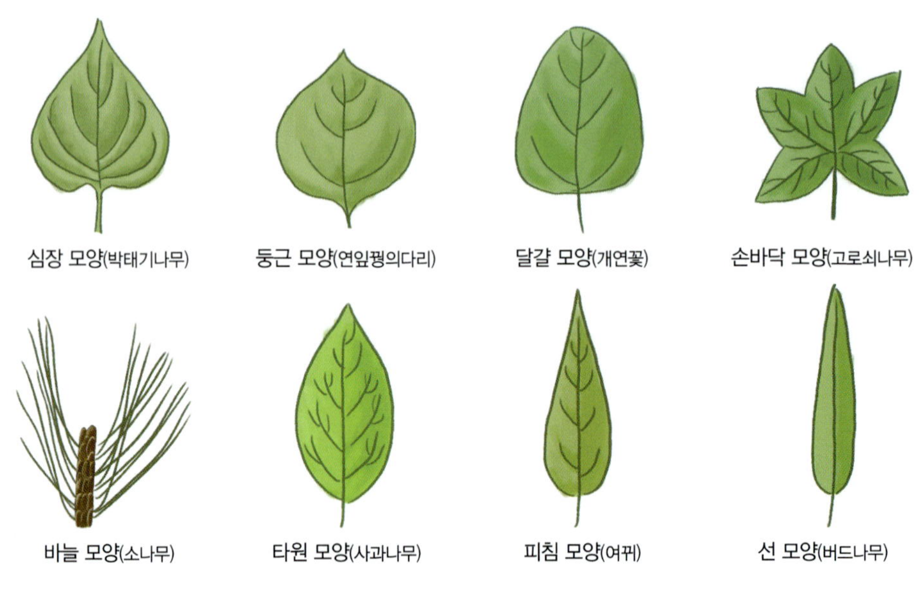

〈여러 가지 잎의 모양〉

❹ 잎차례 : 잎이 줄기나 가지에 붙어 있는 모양을 말한다. 이것은 식물의 종류에 따라 각각 다른데, 어긋나기(애기나리), 마주나기(동자꽃), 돌려나기(선갈퀴), 뭉쳐나기(은행나무), 뿌리나기(민들레), 한잎나기(천남성) 등 여러 가지 모양이 있다.

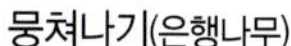
뭉쳐나기(은행나무)

뿌리나기(민들레)

한잎나기(천남성)

〈여러 가지 잎차례〉

❺ **식물의 광합성 :** 지구상의 생물이 빛을 이용하여 화합물의 형태로 에너지를 저장하는 광화학반응으로 지구상의 생물계에서 볼 수 있는 가장 중요한 화학작용의 하나이다. 지구상의 모든 생물은 삶을 유지하기 위해 에너지가 필요하다. 에너지의 전환과 저장은 생물의 최소 단위인 세포에서 일어나며 에너지는 화합물의 형태(ATP)로 저장된다. 모든 생물은 광합성으로 생성된 산물을 생체 내 연료로 사용하며, 이것을 공급하는 방법이 엽록체에서 일어나는 광합성(photosynthesis)이다.

〈식물의 광합성〉

$$6CO_2 + 12H_2O + 688kcal \Longrightarrow C_6H_{12}O_6 + 6O_2 + 6H_2O$$

- 생물의 호흡에 필요한 산소 공급
- 생물의 생활 에너지 공급
- 생태계의 평형 유지

2) 꽃

❶ **구조와 역할 :** 식물의 생식기관이며 암술, 수술, 꽃잎, 꽃받침으로 구성된다. 이 네 가지가 있느냐 없느냐에 따라 '갖춘꽃'과 '안갖춘꽃'으로 분류된다. 암술과 수술은 꽃가루받이를 하여 열매를 맺고 열매 속에서 씨앗이 익어 땅에 떨어지면 새로운 싹이 돋는다.

- 암술 – 꽃의 중심부에 있는 암꽃의 생식기관으로, 꽃을 구성하는 중요한 부분이며 암술머리, 암술대, 씨방의 세 부분으로 되어 있다.

• 수술 – 수꽃의 생식기관으로, 수술대와 꽃밥의 두 부분으로 되어 있다.
• 꽃잎 – 꽃을 이루고 있는 낱낱의 조각 잎이다. 아름다운 모양과 색깔, 향기를 풍기면서 벌과 나비를 유혹하는 수단이 된다.
• 꽃받침 – 꽃의 가장 바깥쪽에서 꽃잎을 받치고 있는 꽃의 보호기관이다. 흔히 녹색이나 갈색이지만, 더러는 꽃잎처럼 화려한 것도 있다.
• 갖춘꽃 – 한 꽃 속에 암술, 수술, 꽃잎, 꽃받침을 모두 갖추고 있는 꽃이다.
  예 참나리, 살구꽃, 벚꽃, 복숭아꽃 등
• 안갖춘꽃 – 한 꽃 속에 암술, 수술, 꽃잎, 꽃받침 중 어느 하나라도 갖추지 못한 꽃이다.
  예 튤립, 보리, 벼, 호박 등

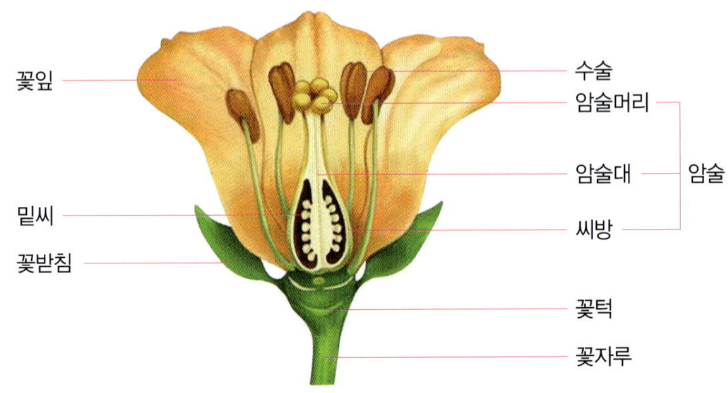

〈꽃의 구조〉

❷ 꽃의 종류 : 식물의 종류에 따라 아주 다양하다. 한 꽃 속에 암술과 수술이 있느냐 없느냐에 따라 암수한꽃과 암수딴꽃 그리고 중성꽃으로 나눌 수 있다. 암수딴꽃으로 꽃이 피는 식물은 다시 암수한그루와 암수딴그루로 크게 나누어진다. 꽃잎이 붙는 횟수에 따라 홑꽃과 겹꽃으로 나누고 꽃잎이 갈라진 모양에 따라 통꽃과 갈래꽃으로 나눌 수 있다.

• 암수한꽃 – 한 꽃 속에 암술과 수술을 모두 갖추고 있는 꽃이다.
  예 진달래, 철쭉, 복사나무, 사과나무 등
• 암수딴꽃 – 한 꽃 속에 암술이나 수술 중 어느 하나만 갖추고 있는 꽃이다.
  예 소나무, 호박, 수박, 오이 등
• 중성꽃 – 암술과 수술이 모두 퇴화하여 없는 꽃이며 '무성화'라고도 부른다.

예 불두화, 수국, 메꽃, 애기메꽃 등

- 암수한그루 – 암수딴꽃이면서 암꽃과 수꽃이 한 그루에 피는 식물이다.

  예 밤나무, 소나무, 신갈나무, 갈참나무 등

- 암수딴그루 – 암수딴꽃이면서 암꽃과 수꽃이 각각 다른 그루에 피는 식물이다.

  예 생강나무, 다래나무, 은행나무, 소철 등

- 홑꽃 – 1겹의 꽃잎으로 이루어진 꽃이다.

  예 병아리꽃나무, 사과나무, 딸기, 황매화 등

- 겹꽃 – 2겹 이상의 꽃잎으로 이루어진 꽃이다.

  예 장미, 죽단화, 불두화, 국화 등

- 통꽃 – 꽃잎의 밑부분이 서로 붙어 있는 꽃이다.

  예 용담, 메꽃, 나팔꽃, 진달래 등

- 갈래꽃 – 꽃잎이 1장씩 따로따로 떨어져 있는 꽃이다.

  예 함박꽃나무, 뱀딸기, 양지꽃, 목련 등

③ **꽃차례** : 꽃이 줄기나 가지에 붙는 모양은 다양하다. 대부분의 식물은 하나의 꽃대에 여러 송이의 꽃들이 함께 달리는데, 꽃이 피는 순서와 모양은 식물의 종류에 따라 다르다.

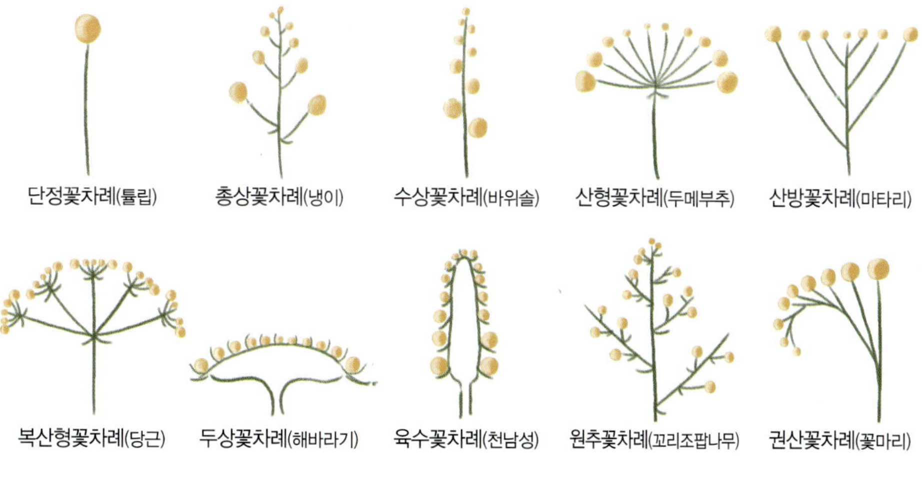

〈여러 가지 꽃차례〉

④ 열매 : 식물이 수정된 후 씨방이나 꽃받침이 변해서 된 것이다. 열매에는 양분이 있어서 동물들의 중요한 먹이가 된다. 대부분 이 속에 씨앗이 들어 있는데, 씨앗은 싹을 틔우고 자라서 같은 종의 식물을 번식시키는 중요한 일을 한다.

- 참열매 – 씨방이 자라서 된 열매이다.
  예 호박, 오이, 복숭아, 가지, 수박, 토마토, 포도, 감, 콩, 완두 등
- 헛열매 – 꽃받침과 같이 씨방 이외의 부분이 자라서 된 열매이다.
  예 사과, 배, 딸기, 석류, 파인애플 등

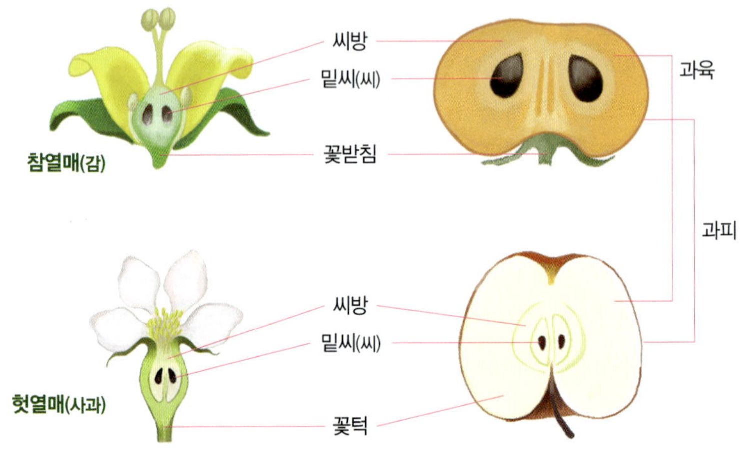

〈참열매와 헛열매〉

3) 줄기

① 구조와 역할 : 식물의 영양기관 중 하나이다. 식물체를 튼튼하게 지탱시켜 주고, 뿌리로부터 흡수한 물과 잎에서 만든 양분을 관다발을 통해서 운반하는 역할을 한다. 줄기는 표피, 관다발, 속 등으로 이루어져 있다.

- 표피 – 줄기를 둘러싸고 있는 겉껍질에 해당하는 부분이다. 식물체 내부를 보호하며 수분의 증발을 방지한다.
- 관다발 – 겉씨식물과 쌍떡잎식물에 있는 조직의 하나이다. 뿌리, 줄기, 잎 속에 있으며 물의 이동 통로인 물관과 양분의 이동 통로인 체관으로 이루어져 있다. 물관과 체관 사이에 있는 부름켜(형성층)는 부피 생장을 담당한다.
- 속 – 식물 줄기의 중심부에 있는 관다발에 싸인 조직으로, 물렁물렁하고 연한 것이 특징이다.

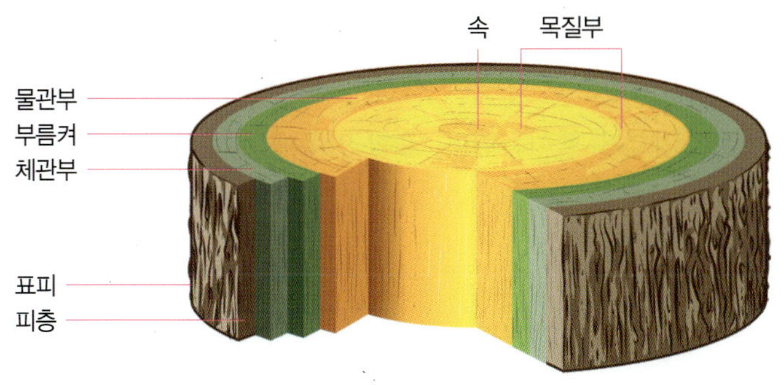

〈줄기의 구조〉

❷ 줄기의 종류 : 식물의 종류에 따라 다양하다. 대부분의 줄기는 위로 뻗으면서 곧게 자라지만, 환경 변화에 따라 특이하게 변한 줄기도 있다. 동자꽃의 보통줄기, 나팔꽃의 감는줄기, 고구마의 기는줄기, 감자의 덩이줄기, 포도와 머루의 덩굴손, 탱자나무의 가시, 대나무의 땅속줄기, 선인장의 잎줄기, 참나리의 주아, 천남성의 알줄기, 참나리의 비늘줄기, 칸나의 뿌리줄기 등은 모두 줄기가 변태되어 만들어진 것들이다.

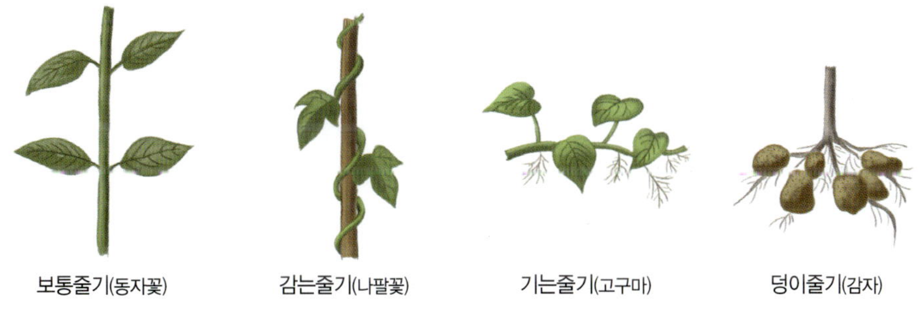

〈줄기의 종류〉

4) 뿌리

❶ 구조와 역할 : 식물의 영양기관 중 하나이다. 식물체의 밑동으로서 보통 땅속에 묻히거나 다른 물체에 박혀 수분과 양분을 빨아올리고, 식물체가 쓰러지지 않도록 지탱하는 역할을 한다. 또한 잎에서 만들어진 광합성 양분이 줄기를 통해 운반되어 오면, 그 양분을 저장하기도 한다. 뿌리의 생장은 그 끝에 있는 생장점에서 이루어지는데, 생장

점은 뿌리골무라는 죽은 세포로 둘러싸여 보호받고 있다. 뿌리는 표피로 둘러싸여 있는데, 이 표피세포의 일부가 밖으로 길게 자란 것이 뿌리털이다. 뿌리는 뿌리털을 통해서 흙 속의 물과 무기 양분을 빨아들인다. 표피 안쪽에는 뿌리에서 빨아들인 물과 무기 양분이 올라가는 통로인 물관과 잎에서 만든 광합성 양분이 내려오는 통로인 체관이 있다.

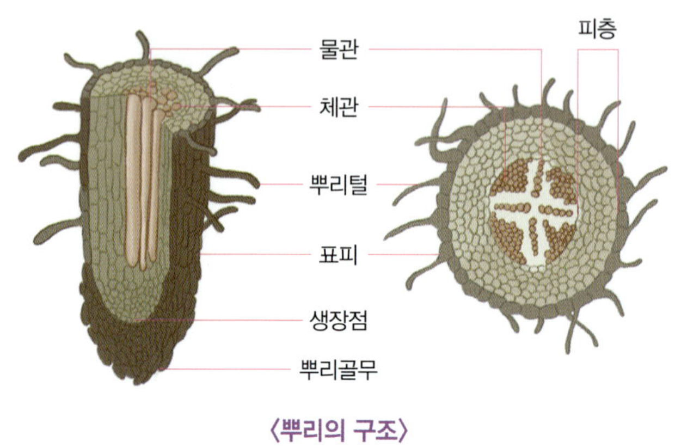

〈뿌리의 구조〉

❷ 뿌리의 종류 : 쌍떡잎식물과 외떡잎식물의 뿌리는 각각 다르다.

- 쌍떡잎식물 – 가운데에 굵고 곧은 원뿌리가 있고 그 주위에 많은 곁뿌리가 갈라져 나와 있다.
  예 민들레, 호박, 명아주, 복사나무, 무궁화, 살구나무, 밤나무 등
- 외떡잎식물 – 원뿌리와 곁뿌리의 구별이 없이 굵기가 비슷한 여러 개의 수염뿌리가 한곳에서 많이 뻗어 있다.
  예 벼, 보리, 밀, 옥수수, 강아지풀, 백합, 닭의장풀, 붓꽃 등

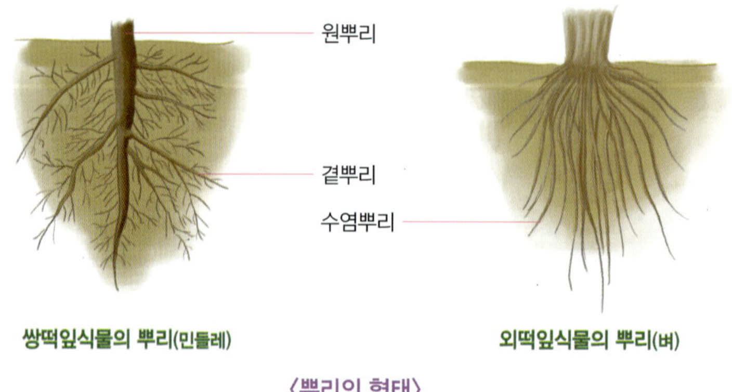

〈뿌리의 형태〉

부록 버섯의 일반적인 특성

1) 균류의 특성

균류(fungi)는 진핵생물의 하나로, 효모와 곰팡이, 버섯 등이 포함되며, 진균류라고 부르기도 한다. 균류 세포는 핵막이 있으며 일반적으로 세포벽이 식물과 달리 키틴으로 구성되어 있고, 엽록소 등과 같은 동화색소가 없는 점이 특징이다. 따라서 고등식물처럼 광합성을 하여 스스로 양분을 만들지 못하므로 다른 생물체나 유기물에 기생 또는 부생을 한다. 주로 동식물이 만든 유기물에 의존하여 영양을 섭취하는 형태로 살아간다. 이런 균류는 생태계 내에서 초·목본류의 리그닌과 셀룰로오스를 분해하고 대기 중으로 이산화탄소와 물을 내보낸다. 이들의 생활사는 유성포자가 발아하여, 기질 내에서 생장 상태를 거쳐 다시 원래의 포자 형성을 하는 과정을 말하는데, 반드시 규칙적인 생활사를 거치지는 않는다. 포자는 운동성이 없으므로 바람이나 비, 곤충의 소화기에 의하여 전파된다. 균류는 단시간에 많은 양의 포자를 형성하고, 공중·수중·땅속 등 어느 곳에나 부착한 후 환경조건이 알맞으면 발아하여 균사를 뻗어 살아간다.

균류 중 버섯(mushroom)은 곰팡이의 번식체인 유성포자를 가지는 자실체를 말한다. 즉 균류 중에서 영양생장세대에 균사체(hyphac)로 살아가다가 생식생장세대(유성세대)에서 자실체(버섯)를 만드는 곰팡이를 버섯이라고 부른다. 그래서 버섯은 나무에 달린 사과와 유

헌구두솔버섯의 균사체

자갈버섯의 자실체

〈버섯의 발생장소〉

사하다. 버섯 균사체는 다양한 기질에서 살아간다. 균사체는 기질의 유기물(섬유소, 리그닌 등)을 분해하는 효소를 내어 가용성 영양분을 만들고 이것을 균사체의 성장에 이용한다. 균사체는 습도, 온도, 산도, C/N율 등 다양한 환경 요소가 적합한 상태로 유지되면 기질 내에서 지속적으로 성장한다. 특히 흙에서 성장하는 균사체를 토질성(terrestrial), 나무에서 성장하는 균사체를 호목재성(lignicolous), 분변에서 성장하는 균사체를 분서식성(coprophilous), 다른 버섯 위에서 성장하는 균사체를 버섯기생성(fungicolous)으로 구분한다. 버섯이 잘 자라는 환경요인은 버섯 종별로 차이가 있으나 대부분 인공재배가 가능한 버섯류는 특정 나무와 연관 지어 찾을 수 있다. 그리고 일부 버섯의 균사체는 균근성(mycorrhizal)이라 불리며 살아 있는 나무의 뿌리와 공생 관계를 형성하는 것들도 많이 알려져 있다.

2) 생활사

균사체는 성장 과정에서 다양한 물리적, 화학적, 생물학적, 영양학적 변화로 번식단계인 자실체(mushroom)를 형성한다. 그리고 자실체에서 만들어진 유성포자는 적합한 기질로 낙하하여 두 종류의 균사체로 발아한다. 이 균사체들을 단핵균사체라 부르며, 외관상으로는 유사하지만 각각 다른 핵의 성질을 가진다. 그중 하나는 플러스(+), 다른 하나는 마이너스(–) 계통이다. 각각 다른 핵을 가진 일차균사(primary mycelia)가 결합하여 두 종류의 세포핵을 갖는 2차균사를 형성한다. 2차균사는 기질 속에 원기(primordium)를 형성하고 환경 요인에 따라 1~3주 후에 균사의 집합체인 어린 자실체(button) 형태로 성장한다. 알 모양의 어린 자실체는 갓과 대로 성장을 해서 성숙한 자실체가 된다. 외피막(universal veil)은 어린 버섯을 완전히 덮는 막이고, 성장하면 대주머니와 갓 표면의 인편이나 돌기로 남게 된다. 자실층(포자형성층)은 주름살과 관공 등으로 성장한 후 포자를 산출하는 조직이다. 내피막(partial veil)은 자실층을 보호하는 막이며, 대가 땅에서 위쪽으로 길어지면 성숙포자는 비산하기 위해 갓에서 떨어져 대부분 내의 상부에 위치한다. 그래서 내피막의 흔적을 턱받이라 부른다.

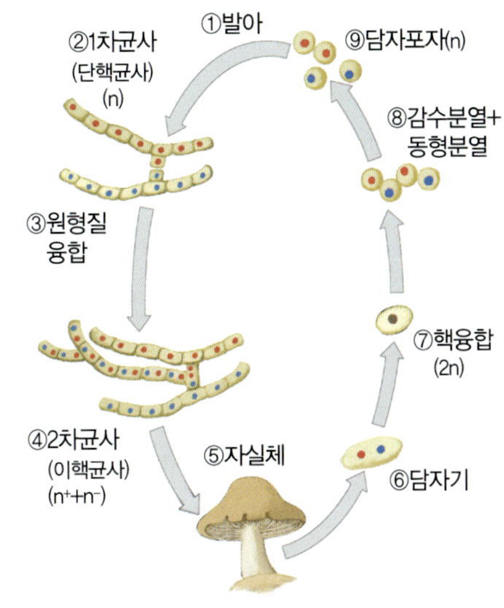

〈버섯의 생활주기〉

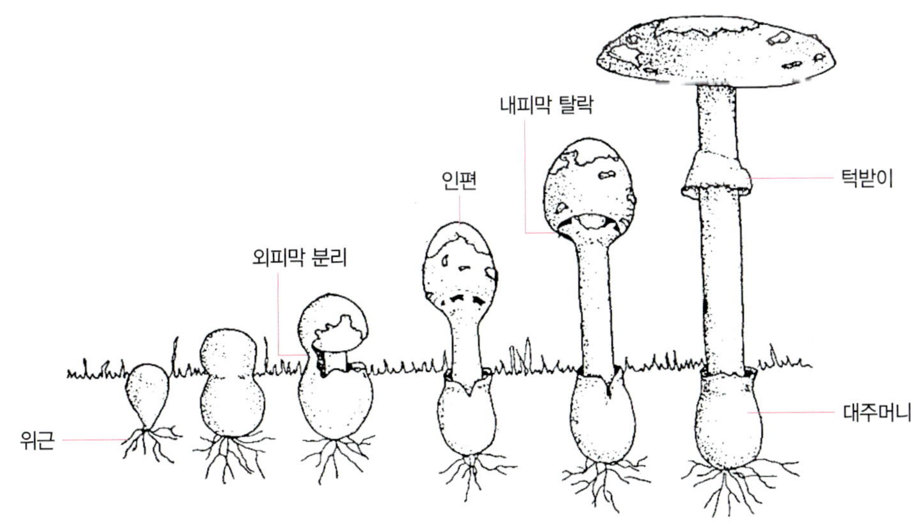

〈버섯(광대버섯)의 성장단계〉

3) 식용버섯과 독버섯의 구별법

식용버섯과 독버섯의 구별법은 따로 있는 것이 아니다. 버섯도 다른 생물과 마찬가지로 형태적인 특성에 의해 종(species)을 구분한 후, 국내외 발표된 문헌을 통하여 식용버섯과 독버섯의 여부를 판단하고 있다. 특히 버섯은 현미경으로 관찰해야 하는 미세구조의 특성이 종을 결정하는 주요인이 되는 경우가 많다. 그러므로 항상 정확한 동정을 위해서는 미세구조를 확인할 수 있는 표본을 보관한 후, 버섯의 이름을 확인할 수 있는 전문기관을 방문하여 종 구분을 해야 한다. 버섯의 일반적인 외형은 그림(〈버섯 구조에 관한 용어〉)과 같으나, 일부 버섯들은 전혀 다른 모양을 나타내기도 한다.

일반인이 버섯의 색깔과 모양, 벌레가 먹은 흔적의 유무, 찢어지는 양상 등으로 식용버섯과 독버섯을 구분할 수 있다는 오류를 범하고 있기 때문에 가끔씩 독버섯 중독사고가 발생하고 있다. 우리나라 산야에는 식용버섯의 종류와 유사한 독버섯들이 많으므로 야생에서 버섯을 채취하는 경우에는 반드시 주의해야 한다. 잘못 알려진 식용버섯과 독버섯의 구별법은 아래와 같다. 근거없는 내용이므로 식용 · 독버섯 판별에 이용하면 안 된다.

식용버섯	독버섯
● 색이 화려하지 않고 원색이 아닌 것	● 색이 화려하거나 원색인 것
● 세로로 잘 찢어지는 것	● 세로로 잘 찢어지지 않는 것
● 유액이 있는 것	[illegible] 것
● 대에 띠가 있는 것	● 벌레가 먹지 않은 것
● 곤충이나 벌레가 먹은 것	● 요리에 넣은 은수저가 변색되는 것
● 요리에 넣은 은수저가 변색되지 않는 것	● 가지나 들기름을 넣으면 독성이 없어진다는 생각

잘못 알려진 식용버섯과 독버섯의 구별법

부록 버섯 구조에 관한 용어

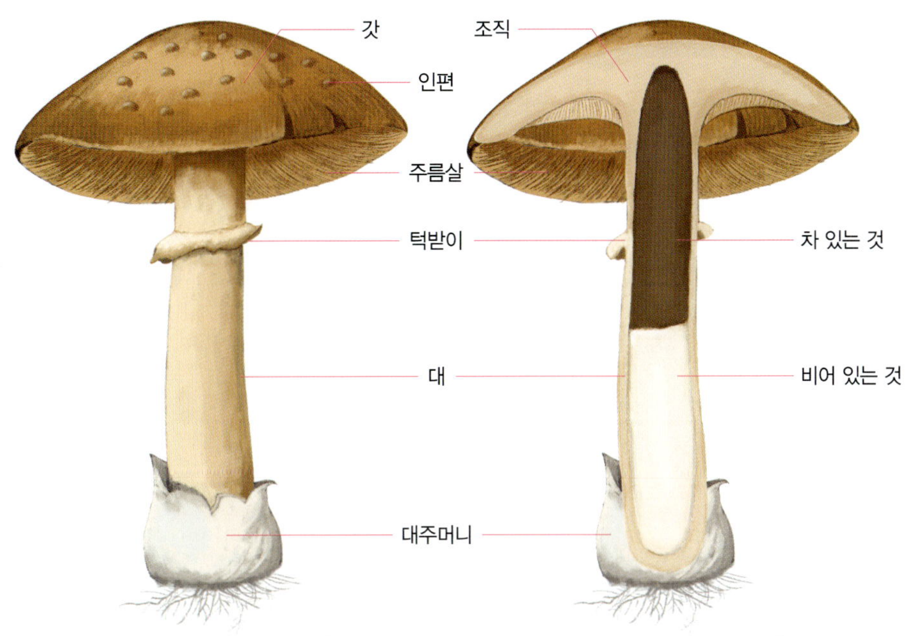

〈버섯의 형태〉

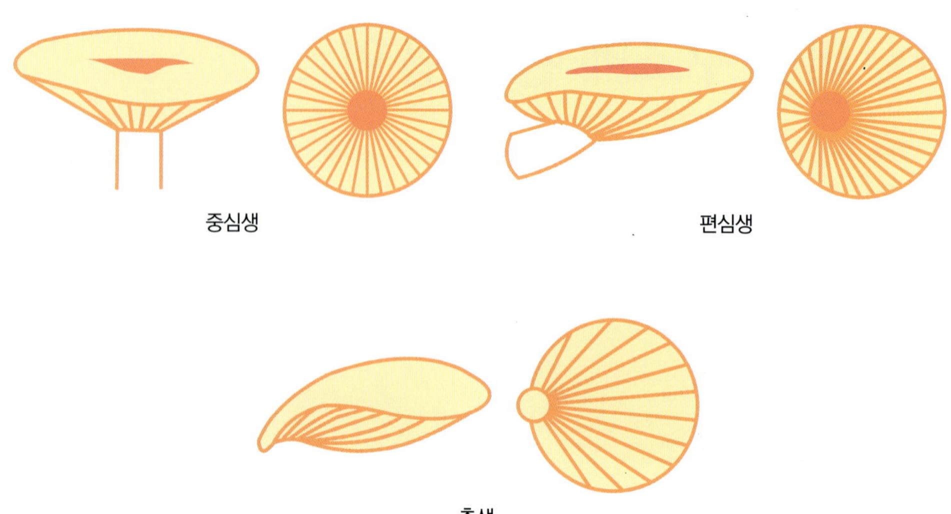

〈갓이 대에 붙은 모양〉

〈갓의 모양〉

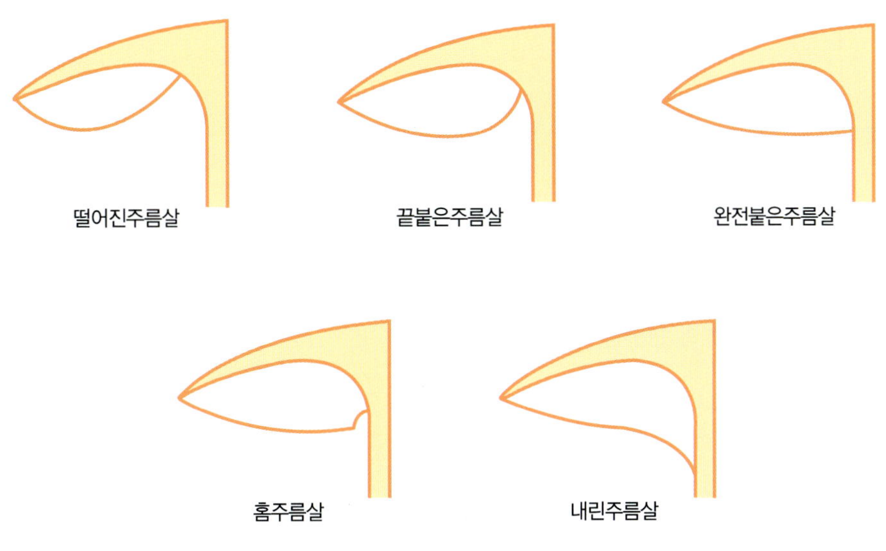

〈주름살이 붙은 모양〉

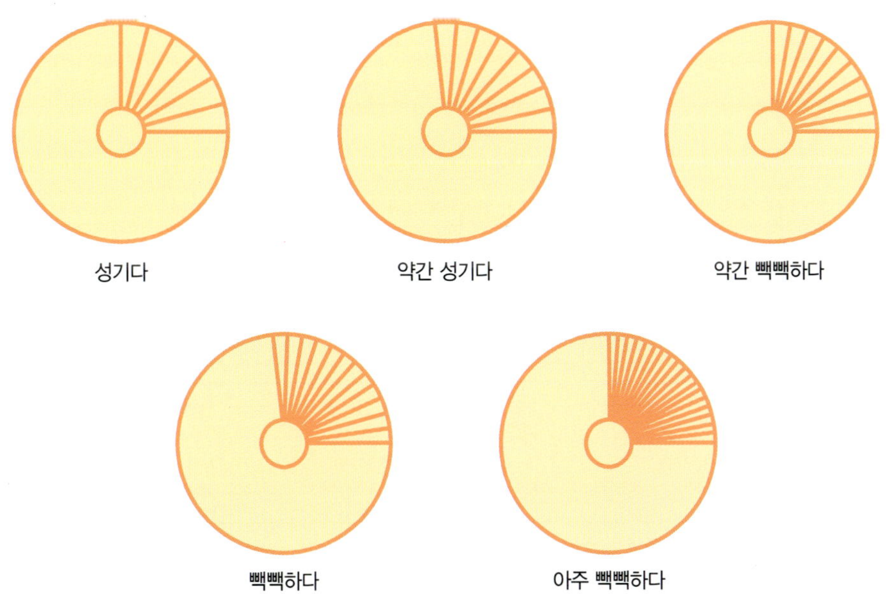

〈주름살의 밀도〉

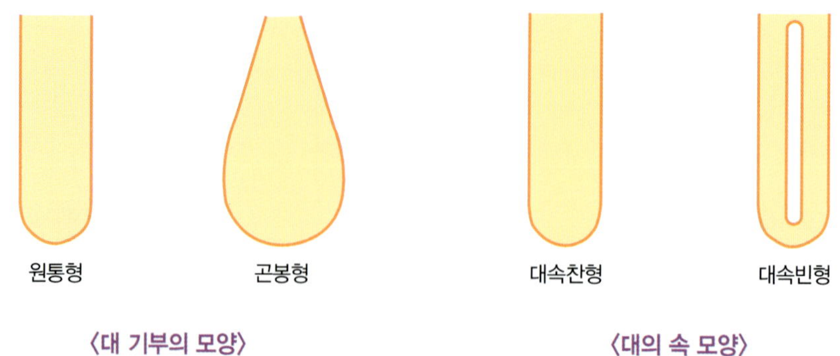

〈대 기부의 모양〉 〈대의 속 모양〉

〈버섯의 발생 형태〉

부록 국명 찾아보기

부록 학명 찾아보기